Somaih Hasan Mohamed
Mohsen El-Hamaky Attia
Mohammed Ezz-El Dine Dawood

Gonorrea e segretezza dai tempi dei Faraoni in Egitto

Somaih Hasan Mohamed
Mohsen El-Hamaky Attia
Mohammed Ezz-El Dine Dawood

Gonorrea e segretezza dai tempi dei Faraoni in Egitto

Gonorrea come problema sanitario principale, resistenza antimicrobica e nuovo trattamento empirico raccomandato in Egitto

ScienciaScripts

Imprint
Any brand names and product names mentioned in this book are subject to trademark, brand or patent protection and are trademarks or registered trademarks of their respective holders. The use of brand names, product names, common names, trade names, product descriptions etc. even without a particular marking in this work is in no way to be construed to mean that such names may be regarded as unrestricted in respect of trademark and brand protection legislation and could thus be used by anyone.

Cover image: www.ingimage.com

This book is a translation from the original published under ISBN 978-620-6-15179-1.

Publisher:
Sciencia Scripts
is a trademark of
Dodo Books Indian Ocean Ltd. and OmniScriptum S.R.L publishing group

120 High Road, East Finchley, London, N2 9ED, United Kingdom
Str. Armeneasca 28/1, office 1, Chisinau MD-2012, Republic of Moldova, Europe
Printed at: see last page
ISBN: 978-620-7-26871-9

Copyright © Somaih Hasan Mohamed, Mohsen El-Hamaky Attia, Mohammed Ezz-El Dine Dawood
Copyright © 2024 Dodo Books Indian Ocean Ltd. and OmniScriptum S.R.L publishing group

Contenuti

Riconoscimento 2
INTRODUZIONE E SCOPO DEL WOARK 3
CAPITOLO I 5
CAPITOLO II 14
CAPITOLO III 26
CAPITOLO IV 85
SOMMARIO 90
Riferimenti 91

Riconoscimento

All'inizio vorrei ringraziare Dio, riconoscendo la Sua grazia, per aver portato a termine questo studio con tutta la sincerità scientifica.

Dedico questo studio alla memoria della mia cara madre Eetemad Mohamed Hasanien, la prima guida e la prima fiamma di luce della mia vita, che ci ha sempre inculcato l'amore per la scienza e il suo rispetto.

Ho anche trasmesso i miei ringraziamenti e la mia gratitudine al mio caro e adorabile padre, il geniale ingegnere Hasan Mohamed Hasan, il primo a guidarmi al pensiero scientifico e al valore della scienza che è stato un esempio da seguire nella scienza e nel successo.

Un ringraziamento va a tutti i miei adorabili fratelli e sorelle, per i quali non bastano le parole per esprimere il valore che hanno per me e il mio amore per loro e per la mia seconda madre, la Prof.ssa Dr. Kariman Ewaida Munshar.

È certo che ringrazio i miei onorevoli professori, il Prof. Dott.

Mohammed Ezz El-Din Daoud e il Prof. Dr. Mohsen El-Hamaky Attia, per i loro sforzi e la loro guida sincera durante le fasi della mia ricerca, e per il loro contributo al successo di questa tesi.

È davvero necessario ringraziare questo noto soldato per me, che è stato il motivo principale, il più grande sostenitore e il proprietario di tutti i meriti. Per questo, o nobile, o più nobile dei nobili, hai tutta la mia gratitudine, e a Dio in primo luogo per la tua presenza come benedizione nella mia vita, il mio Dio ti conservi sempre e per sempre.

INTRODUZIONE E SCOPO DEL WOARK
INTRODUZIONE
Revisione storica:
La nomenclatura storica e le descrizioni della malattia **della blenorragia risalgono** al terzo libro di **MOSES** nella **Bibbia.** Un passo dell'Antico Testamento **(Levitico, cap. XV: 1-3)**, che avverte che (quando un uomo ha una scarica corporea, quella scarica è impura) dà ragione di credere che la gonorrea sia una malattia antica e che si sia adattata con successo all'Homo sapiens. Il Levitico **(capp. XV e XXII)**, disapprova la contagiosità di un'affezione caratterizzata da una continua emissione di sperma e da un'erezione dolorosa **(Genesi, cap. XII)**. In **(Bibbia, cap. XXV)** scrivono di una malattia simile che aveva colpito per punizione divina migliaia di Ebrei dopo aver frequentato fanciulle moabite adoratrici del dio Baal _ Fegor (il greco latino Priapo).
(Proksch, 1895; Magnus e William, 2011 e Chiara et al, 2019)
Successivamente, la malattia è riportata in numerose testimonianze, dall'antico filosofo greco **Aristotele** (384-322 a.C.) a **Platone** (437-347 a.C.) e molti altri. **(Proksch, 1895; Magnus e William, 2011 e Chiara et al, 2019)**
Nel **papiro della XVIII dinastia (1500 a.C.)** rinvenuto nel 1862 a Luxor da George Moritz Ebers (1837 - 1898), si suggeriva di trattare i sintomi di un'uretrite acuta riferibile alla gonorrea con l'instillazione endouretrale di olio di legno di sandalo.
(Proksch, 1895; Magnus e William, 2011 e Chiara et al, 2019)
Il termine gonorrea è stato attribuito per la prima volta al **medico greco Galeno** nel II secolo d.C. che coniò la malattia (come seguito di seme) (131 - 200 d.C.), anche **Lucio Celio** (III - IV secolo d.C.) riporta la fuoriuscita dall'uretra come escrezione indesiderata senza erezione. **(Proksch, 1895; Magnus e William, 2011 e Chiara et al, 2019)**
Il nome gonorrea deriva dal **(greco gonos = sperma)** e **(rhoia = flusso)**.
Nella **scuola di medicina in Italia** di **Costantin Africano** (1020 1087), egli descrisse la gonorrea come: (flusso di sperma senza desiderio sessuale). **(Proksch, 1895; Magnus e William, 2011 e Chiara et al, 2019)**
Nel XVIII secolo l'**inglese James Boswell** documentò al biografo Samuel Jackson i suoi 17 casi di gonorrea **(Magnus e William, 2011)**.
Infine, nel 1879 **Albert Ludwig Sigemund Neisser (Neisser Albert)** descrisse al microscopio il batterio Gram-negativo _Neisseria gonorrhoeae_ da uno striscio di secrezione uretrale, l'agente eziologico dell'infezione sessualmente trasmessa [STI] gonorrea, la cui relazione eziologica con l'uomo è stata stabilita nel 1885 e che è diventata sempre più un problema di salute pubblica globale **(Lipon, 2005; David et al, 2017 e Chiara, et al, 2019)**.
La Neisseria gonorrhoeae ha una notevole capacità di causare infezioni ripetute nello stesso ospite; è in grado di sviluppare resistenza a tutti gli antibiotici clinicamente utili, il che è considerato un grave problema sanitario. **(Linee guida europee/Magnus et al, 2020)**

Obiettivo del lavoro:

Poiché *la Neisseria gonorrhoeae* ha sviluppato una resistenza alla maggior parte degli antibiotici utilizzati empiricamente per il trattamento in tutto il mondo, il nostro lavoro è volto a individuare l'antibiotico più specifico ed efficace come trattamento empirico per la gonorrea e l'uretrite gonococcica nell'uomo in EGITTO.

CAPITOLO I
REVISIONE DELLA LETTERATURA

1- Trasmissione ed epidemiologia:
L'OMS ha considerato la gonorrea come un grave problema sanitario; la gonorrea è un'antica malattia dell'uomo ed è la seconda malattia a trasmissione sessuale per diffusione. L'OMS ha stimato che ogni anno si verificano 87 milioni di infezioni.
La gonorrea è causata dal batterio *Neisseria gonorrhoeae*, che è un batterio diplococcico Gram- negativo intracellulare obbligato e non capsulato. **(Ned, 2005; Evgeny et al, 2020; OMS, 2016; OMS/GASP: Magnus et al, 2019 e Holder, 2008).**
La Nisseria gonorrhoeae ha una notevole capacità di causare infezioni ripetute nello stesso ospite che possono portare a gravi conseguenze riproduttive, come la malattia infiammatoria pelvica nelle donne, l'infertilità, la gravidanza ectopica, l'artrite nelle articolazioni, la congiuntivite nell'occhio che può finire con la cecità e l'epididimite. Le infezioni gonococciche possono disseminarsi e causare sepsi, inoltre l'infezione può facilitare la trasmissione dell'HIV. **(Morrow e Abbott, 1998; Emily et al, 2017; Linee guida europee: Magnus et al, 2020 Workowski e Bolan, 2015; Cucurull e Espinoza, 1998; Angulo e Espinoza, 1999 e Da Ros e Schmitt Cda, 2008).**
La Neisseria gonorrhoea è in grado di sviluppare resistenza a tutti gli antibiotici clinicamente utili, a partire dai composti a base di argento denominati (Protagrol) alla fine del 1890, poi i sulfamidici negli anni '30, la *Neisseria gonorrhoea* ha continuamente mostrato una straordinaria capacità di sviluppare resistenza a tutti gli antimicrobici introdotti per il trattamento, fino alla recente comparsa di resistenza alla terza generazione di cefalosporine (cefalosporine a spettro esteso) **(ESC)**, come il cefixime e il ceftriaxone.**(Magnus e William, 2011 e Beatriz e Maria, 2017).**

2- Sviluppo della resistenza della *Neisseria gonorrhoeae* agli agenti antimicrobici (come nella Fig. 1):
La Neisseria gonorrhea ha sviluppato molteplici meccanismi per far fronte al sistema immunitario innato e adattativo, come la variazione antigenica e di fase della struttura della membrana esterna, gli anticorpi bloccanti, il mimetismo molecolare e l'inibizione o l'induzione dell'apoptosi che consentono ai gonococchi di resistere alla maggior parte degli antibiotici utilizzati per il trattamento. **(Miller, 2006; Sanchez et al, 2020 e Unemo et al, 2019).**
I **sulfamidici** (1930) e la **penicillina** (1943) erano efficaci, poi gradualmente si è sviluppata la resistenza, gli **amino glicosidi**, i **macrolidi** e la **tetraciclina** sono stati utilizzati con successo per anni, poi sono emersi rapidamente ceppi resistenti a tutti questi elementi a causa di mutazioni cromosomiche o di eventi di acquisizione genica, fortunatamente, i **fluorochinoloni** erano altamente attivi contro i gonococchi, poi i mutanti derivati dei gonococchi hanno mostrato mutazioni che codificano la DNA girasi e la DNA topoisomerasi; questo fenomeno è apparso per la prima volta nel sud-est asiatico negli anni '90, poi si è diffuso in tutto il mondo ed è diventato evidente

negli Stati Uniti, e **i fluorochinoloni** sono stati rimossi dal trattamento empirico raccomandato della gonorrea.**(Moran e Levine, 1995; Magnus e William, 2011; Stefanelli, 2011; CDC: Troy, 2013 e Sanchez et al, 2020).**

Le cefalosporine erano ancora efficaci, ma di recente la resistenza si è rapidamente sviluppata a livello globale; questo fallimento è stato identificato in Giappone; confermato in Europa, negli Stati Uniti e in diversi paesi. **(Chisholm et al, 2010; OMS, 2016; Sanchez et al, 2020; Linee guida europee: Magnus et al, 2020; CDC: Sancta et al, 2020; CDC: Brooks, 2016; OMS, 2011; Rui-xing et al, 2014; Monica et al, 2018; CDC, 2011; Magnus et al, 2016; Magnus et al, 2017; Michelle et al, 2019; Arlene et al, 2020; Magnus et al, 2021 e Francis et al, 2021).**

Figura (1): Resistenza allo sviluppo della *Neisseria gonorrhoea* mostrata come:

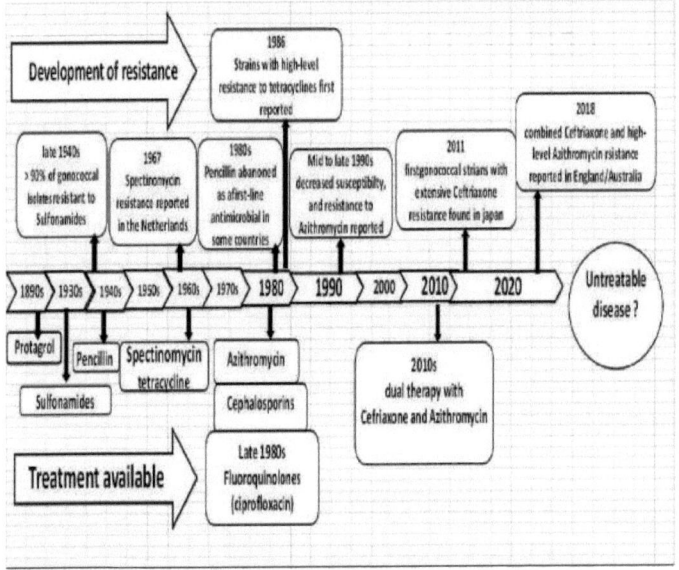

(Sanchez et al, 2020; Evgeny et al, 2020; Unemo et al, 2019; Magnus et al, 2021; Francis et al,2021)

La resistenza antimicrobica **[AMR]** nella *Neisseria gonorrhoeae* è un grave problema di salute pubblica, che compromette la gestione e il controllo della gonorrea a livello globale. La resistenza della *Neisseria gonorrhoeae* al ceftriaxone, l'ultima opzione per la monoterapia empirica di prima linea della gonorrea, è stata segnalata da molti Paesi a livello globale; inoltre, le terapie antimicrobiche doppie (ceftriaxone più azitromicina o doxiciclina) hanno confermato il fallimento in diversi Paesi. **(OMS/GASP: Magnus et al, 2019; Sanchez et al, 2020; Magnus et al, 2010; Amy et al, 2019 e Leonor et al, 2021).**

3- I trattamenti attualmente disponibili secondo le linee guida di diverse organizzazioni sanitarie in tutto il mondo (come da Tabella 1):

Tabella (1): Linee guida per il trattamento secondo le diverse organizzazioni sanitarie

del mondo:

CDC	UE	OMS
Non complicato	Non complicato	Non complicato
Ceftriaxone 250 mg IM in dose singola +Azitromicina 1 g orale in dose singola. Alternativa: Cefixime 400 mg in dose singola orale + Azitromicina 1 g in dose singola orale.(CDC,2010)	Ceftriaxone 200 mg IM in dose singola + azitromicina 2 g orale in dose singola. Alternativa: Cefixime 400 mg in dose singola orale + Azitromicina 2 g in dose singola orale.	Terapia duale : Ceftriaxone 250 mg IM in dose singola +Azitromicina 1 g orale in dose singola Oppure : Cefixime 400 mg in dose singola orale + Azitromicina 1 g in dose singola orale.
		Dopo il fallimento del trattamento
Singola dose IM da 500 mg di ceftriaxone per il trattamento delle patologie urogenitali non complicate + doxiciclina (100 mg per via orale due volte al giorno per 7 giorni) (CDC,2020)		Ceftriaxone 500 mg IM in dose singola + azitromicina 2 g orale in dose singola Oppure: Cefixime 800 mg orale in dose singola + Azitromicina 2 g dose singola orale Oppure: Gentamicina 240 mg IM in dose singola + Azitromicina 2 g dose singola orale Oppure: Spettinomicina 2 g IM in dose singola + azitromicina

(Beatriz e Maria, 2017; OMS, 2016; CDC/Kimberly e Gail, 2015);
Linee guida europee/ Magnus et al, 2020 e CDC/ Sancta et al, 2020)
I Centri per il Controllo e la Prevenzione delle Malattie **(CDC) hanno** classificato la gonorrea come un **(Super bug),** tanto da allarmare sulla prospettiva di una gonorrea non curabile nel prossimo futuro. **(Beatrizand, 2017; WHO/GASP: Magnus, 2019; Magnus et al, 2021 e Francis et al, 2021).**
Anche l'Organizzazione Mondiale della Sanità, che ha considerato la gonorrea come una delle principali preoccupazioni per la salute, ha applicato nel 2009 un programma chiamato **Programma Globale di Sorveglianza Antimicrobica del Gonococco dell'OMS (GASP),** essenziale per monitorare le tendenze della **resistenza antimicrobica (AMR)**, identificare le resistenze emergenti (AMR) e fornire prove per il perfezionamento delle linee guida per il trattamento e delle politiche di salute pubblica a livello globale. **(OMS/GASP: Magnus et al, 2019; Jane et al, 2019 e Ellen, 2020)**. Inoltre, nel 2012 l'OMS ha pubblicato un piano d'azione globale per controllare la diffusione e l'impatto della resistenza antimicrobica nella *Niesseria gonorrhoeae,* che è in linea con il **piano d'azione globale dell'OMS sulla resistenza** antimicrobica del 2015, successivamente supportato dal Sistema globale di sorveglianza della resistenza **antimicrobica** dell'OMS **(GLASS).**
(Magnus et al., 2021)

4- Diagnosi della gonorrea (clinica e di laboratorio)
4. A- Diagnosi clinica della gonorrea: (Sintomi e segni)
4. A.1- Sintomi:
La gonorrea è un'infezione purulenta della superficie delle mucose causata dalla *Neisseria gonorrhoea, il cui* periodo di incubazione è solitamente di (2-8) giorni dopo l'esposizione a un partner infetto. Può essere asintomatica in alcuni casi nelle donne, a differenza degli uomini, che spesso presentano sintomi, oltre alla possibilità di trasmissione ai neonati attraverso la madre. **(Karl, 2006; CDC: Kimberly e Gail, 2015 e Watring e Vaughn, 1976).**
Nei maschi i principali sintomi genitourinari della gonorrea sono i seguenti:

1- Uretrite:
La principale manifestazione dell'infezione gonococcica nell'uomo è l'uretrite acuta, con sintomi di secrezione uretrale (>80%) e disuria (>50%) o bruciore durante la minzione, che inizia solitamente da 2-8 giorni. L'infezione uretrale asintomatica nell'uomo è rara (<10%).
(Linee guida europee/ Magnus et al, 2020; OMS/ Brian e Pranatharthi, 2016; OMS, 2016; CDC/ Kimberly e Gail, 2015 e Holder, 2008).

2- Epididimite acuta:
Solitamente la tumefazione scrotale è unilaterale e spesso si presenta in concomitanza con un essudato uretrale. **(Linee guida europee/ Magnus et al, 2020; OMS/ Brian e Pranatharthi, 2016; OMS, 2016 e CDC/ Kimberly e Gail, 2015).**

3- Strutture uretrali:
Sono diventate poco comuni nell'era degli antibiotici, ma possono presentarsi con un flusso di urina ridotto e anormale, nonché con le complicanze secondarie di prostatite e cistite e possono terminare con un'insufficienza renale. **(Linee guida europee/ Magnus et al, 2020; OMS/ Brian e Pranatharthi, 2016; OMS, 2016 e CDC/ Kimberly e Gail, 2015).**

4- Infezione rettale:
L'infezione rettale può presentarsi con dolore, prurito o secrezione. **(Linee guida europee/ Magnus et al, 2020; OMS/ Brian e Pranatharthi, 2016; OMS, 2016 e CDC/ Kimberly e Gail, 2015).**

4. A.2- Segnaletica:
Durante l'esame fisico nei maschi:

1- Scarico uretrale mucopurulento o purulento:
Può essere associato all'eritema del meato uretrale, ottenuto con la mungitura lungo l'asta del pene **(Linee guida europee/Magnus et al, 2020; OMS/ Brian e Pranatharthi, 2016; OMS, 2016 e CDC/ Kimberly e Gail, 2015).**

2- Possibile epididimite:
Tenerezza ed edema unilaterale dell'epididimo, con o senza secrezione peniena o disuria. **(Linee guida europee/ Magnus et al, 2020; OMS/ Brian e Pranatharthi,**

2016; OMS, 2016 e CDC/ Kimberly e Gail, 2015).

3- Edema del pene:
Senza altri segni infiammatori. **(Linee guida europee/ Magnus et al, 2020; OMS/ Brian e Pranatharthi, 2016; Brian e Pranatharthi, 2016; OMS, 2016 e CDC/ Kimberly e Gail, 2015).**

4- Strettoia uretrale:
Non comune, più spesso riscontrata nell'era preantibiotica con l'irrigazione uretrale con liquidi caustici, l'insufficienza renale è una complicanza tardiva. **(Linee guida europee/ Magnus et al, 2020; OMS/ Brian e Pranatharthi, 2016; OMS, 2016 e CDC/ Kimberly e Gail, 2015).**

5- Diagnosi differenziale di uretrite e perdite uretrali negli uomini:

Uretrite:
È un'infiammazione dell'uretra (l'**uretra** è il tubo tra la vescica e l'estremità del pene). L'uretrite è spesso causata da un'infezione a trasmissione sessuale, ma non sempre. **(Hary, 2018 e OMS, 2001)**

Uretrite causata da:

1- *Neisseria gonorrhoeae* chiamata Uretrite Gonococcica [GCU].
(Hary, 2018; OMS, 2001)

2- **Qualsiasi causa diversa dalla gonorrea è chiamata Uretrite non gonococcica [NGU].** (Hary, 2018 e OMS, 2001)

Uretrite rappresentata da: -
- Scarico dall'orifizio uretrale.
- Bruciore alla minzione.
- Frequenza della minzione con dolore penieno. **(Hary, 2018)**

6- Classificazione dell'uretrite gonococcica.

L'infezione causata da *Neisseria gonorrhoeae* è un agente patogeno umano che infetta principalmente la mucosa del tratto genitale inferiore, quindi classificato in base al sito di infezione:

1- Infezione gonococcica non complicata [UGI]: (tratto genitale inferiore):

L'infezione della mucosa del **tratto genitale inferiore**, che è il sito primario di infezione negli uomini, è l'uretra e l'endocervice nelle donne.

La Neisseria gonorrhoeae si attacca all'epitelio colonnare, ma l'infezione si verifica nel retto e nell'orofaringe, soprattutto negli **MSM** (uomini che hanno rapporti sessuali con uomini) o in individui che praticano sesso anale e/o orale.

I sintomi delle **UGI** compaiono entro 2-8 giorni dall'esposizione all'infezione e sono rappresentati da uretrite, epididimite, stenosi uretrale e dolore rettale, quindi questo intervallo dà la possibilità di trasportare l'infezione prima della comparsa dei sintomi.

(Lewis, 2015; Linee guida europee/ Magnus et al, 2020; OMS, 2016; CDC/ Kimberly e Gail, 2015; Gerd e Stephen, 2011; Koichiro et al, 2012 e Kaede et al, 2009).

2- Infezione gonococcica complicata [CGI]: (tratto genitale superiore):

Quando la *Nisseria gonorrhoea* sale al tratto genitale superiore, all'epididimo e al testicolo nell'uomo e all'endometrio, alle tube di Falloppio o al peritoneo pelvico nella donna, con conseguente malattia infiammatoria pelvica (PID).

(CGI) può verificarsi se l'infezione primaria viene trattata in modo errato o non trattata ed è quindi più comune nelle donne che negli uomini, a causa del più alto tasso di infezione asintomatica nelle donne, gli strilli di (PID) estesi all'infertilità, alla gravidanza ectopica, agli ascessi ovarici o alla peritonite pelvica. **(Linee guida europee/Magnus et al, 2020; OMS, 2016; CDC/ Kimberly e Gail, 2015 e Gerd e Stephen, 2011)**

3- Infezione gonococcica disseminata [DGI]: (invadere il flusso sanguigno):

Quando la *Neisseria gonorrhoeae* invade il flusso sanguigno e causa un'infezione sistemica, si verifica se la [DGI] non viene trattata per causare la gonococcemia, che si verifica in circa lo [0. 5 - 3] % dei pazienti con gonorrea (Brian e Pranatharthi, 2016 e Belding e Carbone, 1991).5 - 3] % dei pazienti con gonorrea **(Brian e Pranatharthi, 2016 e Belding e Carbone, 1991)**, la [CGI] è più comune nelle donne che negli uomini; ciò può essere associato alla capacità dell'organismo di invadere il flusso sanguigno durante le mestruazioni, quando la cervice è più friabile, e può causare uno shock settico fatale con conseguente insufficienza d'organo multipla e morte. **(Linee guida europee/ Magnus et al, 2020; OMS, 2016; CDC/ Kimberly e Gail, 2015; Gerd e Stephen, 2011e Thiery et al, 2001).**

7- Meccanismi di resistenza in *Neisseria gonorrhoeae*:

Esistono diversi meccanismi di resistenza antimicrobica, quali:

1- Diminuzione della permeabilità attraverso la parete cellulare:
Impedire l'ingresso dell'antibiotico nella parete cellulare attraverso la membrana cellulare (canali porosi che modificano la frequenza, le dimensioni o la selettività).
(Apurba e Sandhya, 2016; Thomus e Susanne, 2020; Beatriz e Maria, 2017; CDC/Cimberly e Gail, 2015; Tornimbene et al, 2018; OMS/GASP/Magnus et al, 2019; CDC/Sancta et al, 2020 e Sanchez et al, 2020).

2- Pompe di efflusso:
Prevenzione dell'accumulo intracellulare di antibiotico tramite pompa di efflusso (aumento dell'efflusso di antimicrobici o diminuzione dell'afflusso di antimicrobici).
(Apurba e Sandhya, 2016; Thomus e Susanne, 2020; Beatriz e Maria, 2017; CDC/ Kimberly e Gail, 2015; Tornimbene et al, 2018; WHO/GASP/ Magnus et al, 2019; CDC/ Sancta et al, 2020; Sanchez et al, 2020 e Weston et al, 2017)

3- Inattivazione enzimatica:

Produzione di enzimi che inattivano il sito funzionale dell'antibiotico, ad es:
- в-lattamasi: scindono l'anello в-lattamico negli agenti antimicrobici в-lattamici.
- **Enzimi modificatori degli aminoglicosidi**: distruggono la struttura degli aminoglicosidi, ad esempio l'**acetiltransferasi** (come l'acetiltransferasi del cloramfenicolo che distrugge la struttura del cloramfenicolo nelle enterobatteriacee), l'adeniletransferasi e la fsfotransferasi.

(Apurba e Sandhya, 2016; Thomus e Susanne, 2020; Beatriz e Maria, 2017; CDC/ Kimberly e Gail, 2015; WHO/GASP/ Magnus et al, 2019; CDC/Sancta et al, 2020 e Sanchez et al, 2020).

4- Modifica del sito di destinazione:
Ciò avviene attraverso molteplici meccanismi, ad es:
- Modifica della PBP in PBP-2a che impedisce alle penicilline e ad altri в-lattami di inibire la sintesi della parete cellulare. (Es. MRSA [Staphylococcus aureus resistente alla meticillina]).
- Modifica delle proteine ribosomiali.
- Modifica dell'enzima RNA polimerasi.
- Cambia il sito di destinazione della D-alanina nella catena laterale della D-alanina del peptidoglicano.

I meccanismi di resistenza comuni nella *Neisseria gonorrhoea,* inoltre, presentano un'ampia gamma di resistenze a tutti i gruppi di antibiotici, quindi hanno molteplici meccanismi di difesa e di sopravvivenza contro gli agenti antimicrobici. **(Apurba e Sandhya, 2016; Thomus e Susanne, 2020; Beatriz e Maria, 2017);**
CDC/ Kimberly e Gail, 2015; Harris et al, 2018; Wadsworth, 2019; WHO/GASP/ Magnus et al, 2019; CDC/ Sancta et al, 2020 e Sanchez et al, 2020).

8- Ceppi resistenti di *Neisseria gonorrhoea* (come nella Tabella 2):
Resistenza antimicrobica responsabile di diversi meccanismi di resistenza e di diversi ceppi resistenti di *Neisseria gonorrhoea*.

Tabella (2): mostra la resistenza della *Neisseria gonorrhoea* in breve:

PPNG	**Ceppi di Neisseria gonorrhoea produttori di penicillinasi:**
	- Originario dell'Africa e dell'Asia nel 1976, si è poi diffuso in tutto il mondo.
	I plasmidi che codificano per le в-lattamasi vengono trasferiti orizzontalmente per coniugazione. **(Apurba e Sandhya, 2016; Monica, 2006; OMS, 2001; Beatriz e Maria, 2017; OMS/GASP/Magnus et al, 2019 e Elena et al, 2008).**
CMRNG	**Resistenza cromosomica *Neisseria gonorrhoeae:***
	A causa di mutazioni in più siti, ad es:
	• Diminuisce il tasso di acilazione di **PBP2**.
	• *Neisseria gonorrhoeae* **resistente alle tetracicline (nata da un plasmide):**
	̦- - Riduce l'affinità della tetraciclina per la subunità ribosomiale 30S.

	~ Bloccare il legame con il bersaglio della tetraciclina. Interrompe il legame della spectinomicina con il bersaglio ribosomiale. **(Apurba e Sandhya, 2016; Monica, 2006; OMS, 2001; Beatriz e Maria, 2017 e OMS/GASP/Magnus et al, 2019)**
QRNG	*Neisseria gonorrhoeae* resistente ai chinoloni: - Riducono il legame dei chinoloni alla DNA girasi. Ridurre il legame dei chinoloni con la topoisomerasi. **(Apurba e Sandhya, 2016; Monica, 2006; OMS, 2001; Beatriz e Maria, 2017; OMS/GASP/Magnus et al, 2019 e Elena et al, 2008).**

9- **Tabella (3): Meccanismi degli agenti antimicrobici che agiscono su *La Neisseria gonorrhoeae* è riassunta come segue:**

Inibiscono la sintesi della parete cellulare dei batteri	1. **Inibizione competitiva dell'enzima transpiptidasi: antibiotici β-lattamici [PBP].** • Penicilline • Cefalosporine • Carbapenemi • Aztreonam 2. **Battericida: interrompe la reticolazione del peptidoglicano** • Glicopiptidi. • Polimixine. • Batteriacina. **(Beatriz e Maria, 2017; OMS/GASP/Magnus et al, 2019; Sami et al, 2020; Magnus e William, 2014; Apurba e Sandhya, 2016 e Monica, 2006).**
Inibizione della sintesi proteica	1. **Anti subunità ribosomiale 30S:** • Aminoglicosidi. • Tetraciclina. 2. **Anti subunità ribosomiale 50S:** • Cloramfenicolo. • Macrolidi. • Linezolid. • Streptogrammi. • Mupirocina **(Beatriz e Maria, 2017); OMS/GASP/Magnus et al, 2019; Sami et al, 2020; Magnus e William, 2014; Apurba e Sandhya, 2016e Monica, 2006).**
Inibitori della sintesi degli acidi nucleici	**1-** **Inibizione della sintesi del DNA mediante inibizione della DNA girasi e della topoisomerasi.** • Fluorochinoloni. • Metronidazolo. **2- Inibizione della sintesi di RNA mediante inibizione della RNA polimerasi:** - Rifampicina. **3- Inibizione della sintesi di acido micolico:** - Isoniazide.

	4- Inibizione della sintesi di acido folico: • Sulfamidici. • Trimetoprim. **(Beatriz e Maria, 2017;** **OMS/GASP/Magnus et al, 2019; Sami et al, 2020;** **Magnus e William, 2014; Apurba e Sandhya, 2016 e Monica, 2006).**
Agisce sulla membrana cellulare	1. **Forma i pori :** - Gramicidina. 2. **Forma canali che interrompono il potenziale di membrana:** - Daptomicina. **(Beatriz e Maria, 2017;** **OMS/GASP/Magnus et al, 2019; Sami et al, 2020;** **Magnus e William, 2014; Apurba e Sandhya, 2016 e Monica, 2006).**

CAPITOLO II

MATERIALI E METODI

Diagnosi di laboratorio della gonorrea mediante identificazione della *Neisseria gonorrhoeae:*

1- Raccolta dei campioni e isolati batterici:

Nel triennio 2017-2020 sono stati raccolti 33 isolati clinici (tampone di scarico uretrale) da pazienti maschi di età variabile con diagnosi di uretrite gonococcica non complicata (UGU) ottenuti dall'**Istituto Nazionale di Urologia e Nefrologia del Cairo** con scheda diagnostica della malattia e anamnesi completa per ogni paziente. Per tutti i pazienti è stato raccolto il consenso scritto.

Secrezione uretrale raccolta dal medico dopo aver pulito il meato uretrale con una garza imbevuta di soluzione fisiologica (0,9% p/v), almeno un'ora prima della minzione.

Il campione viene prelevato inserendo delicatamente un tampone di Rayon per 2-3 cm nell'uretra anteriore e ruotandolo da un lato all'altro; è preferibile utilizzare tamponi di Dacron o di Rayon, poiché i tamponi di cotone e di alginato sono inibitori dei gonococchi **(Apurba e Sandhya, 2016)**; la fuoriuscita purulenta viene espulsa premendo alla base del pene prima di inserire il tampone; il tampone viene conservato nel mezzo di trasporto Amies in dotazione al centro medico; il trasporto al laboratorio di microbiologia avviene entro 24 ore. **(Chosewood e Wilson, 2009; CDC, 2014; Apurba e Sandhya, 2016; Monica, 2006; CLSI, 2020; CDC/Sancta et al, 2020; Thomus e Susanne, 2020 e Linee guida europee/Magnus et al, 2020).**

2- Trasporto del campione in laboratorio:

Il campione viene trasportato immediatamente in laboratorio per l'esame microscopico e la coltura, poiché la *Neisseria gonorrhea* non tollera la disidratazione, nel caso in cui non sia possibile raccogliere il campione su supporti di trasporto. **(Apurba e Sandhya, 2016 e Monica, 2006).**

Mezzi di trasporto:

Vengono utilizzati per il trasporto di campioni clinici che si sospetta contengano organismi, quando si prevede un ritardo nel trasporto dei campioni dal sito di raccolta al laboratorio, i batteri non si moltiplicano nei mezzi di trasporto, ma rimangono solo vitali. **(Apurba e Sandhya, 2016 e Monica, 2006).**

Tipi di terreni di trasporto adatti alla *Neisseria gonorrhoeae:*

1- Mezzo di trasporto Amies con preparazione del carbone:

(mezzo selezionato nel nostro studio)

Composizione:

Carbone farmaceutico 10   g/l
Cloruro di sodio [NaCl]   3g/l
Tampone idrogenofosfato di sodio [Na1 ,   15g/l

Cloruro di potassio [KCl]   0,   2g/l
Potassio di idrogeno fosfato [KH2PO4]   0,2 g/l
Sodio tioglicolato   1g/l
Cloruro di calcio [CaCL2]   0,   1g/l
Cloruro di magnesio [MgCl2]   0,   1g/l
   Agar4g/l
PH7.2± 0.2 a 25 C^O

Preparazione:
Preparare il terreno di trasporto amies da polvere disidratata pronta all'uso, ottenuta da (^{TM}oxid^{TM}; Inghilterra; CM0425) sospendendo **20 g** in **1 litro** di acqua distillata; portare a ebollizione per sciogliere completamente l'agar. Distribuire in piccole bottiglie con tappo a vite, agitando nel frattempo per mantenere il carbone uniformemente sospeso; l'aggiunta di carbone a questo terreno neutralizza i prodotti metabolici che possono essere tossici per la *__Neisseria gonorrhoeae__*. Avvitare saldamente i tappi sulle bottiglie completamente riempite. Sterilizzare in autoclave a **121° C** per **15 minuti**. Invertire i flaconi durante il raffreddamento per distribuire uniformemente il carbone, conservare in luogo fresco. **(Monica, 2006; CLSI, 2020;** ^{TM}**oxid^{TM}, istruzioni e Apurba e Sandhya, 2016).**
Disponibile anche presso **(BBL Microbiology system^{TM})**

Altri diversi tipi di supporti di trasporto:
2- **Mezzo di trasporto Amies senza carbone:**
3- **Mezzo di trasporto Stuart modificato.**
4- **Terreno di coltura con (VCN).**
5- **Terreno di coltura con (VCNT).**
6- **Ttransgrow Medium con Trimethprime.**
7- **Ttransgrow Medium senza Trimethprime.** (**John et al, 1994**)

Attualmente sono disponibili anche diversi dispositivi di trasporto commerciali, come il sistema **JEMBEC** o **Gono-Pak.**
Questi passi precedenti sono stati compiuti dal medico dopo la diagnosi clinica.

3- Identificazione di diplococchi polimorfi intraleucocitari a forma di rene mediante esame microscopico e diverse colorazioni utilizzate per l'identificazione prima della coltivazione:
Eseguire uno striscio fresco dei campioni di secrezione uretrale facendo rotolare delicatamente il tampone sul vetrino per evitare che le cellule del pus contenenti batteri si danneggino; fissare lo striscio mediante riscaldamento seguito da fissazione con etanolo in preparazione alla colorazione:

1- Colorazione con blu di metilene per intraleucociti polimorfi:
Immergere un vetrino all'1% di blu di metilene acquoso per 15 secondi, quindi risciacquare con acqua distillata e lasciare asciugare.
Con l'immersione in olio ad alto ingrandimento, i diplo-cocchi di stoccaggio intra-leucocitario appaiono blu al microscopio.
La colorazione con blu di metilene è considerata uno strumento diagnostico solo nell'uretrite non complicata dei maschi. **(Thomus e Susanne, 2020; CDC/Kimberly e Gail, 2015; Linee guida europee /Magnus et al, 2020; Apurba e Sandhya, 2016 e Monica, 2006).**

2- Colorazione di Gram per intraleucociti polimorfi (kit Remel™ Gram stain; R40080):
(Tecnica selezionata nel nostro studio)
La colorazione di Gram è uno strumento diagnostico altamente specifico per l'uretrite maschile sintomatica; la sensibilità della colorazione di Gram raggiunge il **95%** e la specificità il **97%**, ma nelle donne la sensibilità e la specificità diminuiscono al **40-60%**. La colorazione di Gram mostra diplococchi gram negativi, spesso intracellulari nei leucociti polimorfonucleati, ma in presenza di diplococchi extracellulari, soprattutto in associazione a diagnosi cliniche atipiche, indica anche *Neisseria gonorrheae*. **(Thomus e Susanne, 2020; CDC/ Kimberly e Gail, 2015; Linee guida europee/ Magnus et al, 2020; Apurba e Sandhya, 2016 e Monica, 2006).**

Procedura di colorazione di Gram:
Dopo la fissazione a caldo seguita da quella con etanolo, è stato preparato uno striscio fresco; immergere il vetrino nel **cristal-violetto** per **1 minuto**, quindi lavare il vetrino con un getto delicato e indiretto di acqua di rubinetto per **2 secondi**; inondare il vetrino con lo **iodio di Gram** per **1 minuto**, quindi lavare il vetrino con un getto delicato e indiretto di acqua di rubinetto per **2 secondi**; inondare il vetrino con un **agente decolorante (etanolo/acetone)** per **15 secondi** o fino a completa decolorazione; inondare il vetrino con **safranina** per **1 minuto**, quindi lavare il vetrino con un getto delicato e indiretto di acqua di rubinetto; lasciare asciugare il vetrino e sottoporlo a scansione con una lente a immersione in olio ad alto ingrandimento in un microscopio a campo chiaro per rilevare i diplococchi Gram-negativi. **(Monica, 2006; ASM, 2019 e Remel™ Gram stain kit R40080, istruzioni).**

4- Coltivazione dell'organismo testato (significato del metodo culturale):

La coltura batterica è ancora considerata il gold standard per la diagnosi.

Neisseria gonorrhoeae, in particolare nei campioni urogenitali, la coltura batterica è altamente sensibile e specifica, la sensibilità può raggiungere l'(85-95) % in condizioni ottimali, e la specificità fino al (100%) è considerata un test diagnostico. quando l'identificazione della specie viene eseguita con test biochimici o con il test di amplificazione degli acidi nucleici [NAAT], nei casi in cui non sia possibile eseguire immediatamente la coltura, conservare il tampone nei mezzi di trasporto in frigorifero. **(Thomus e Susanne, 2020; CDC/ Kimberly e Gail, 2015; Linee guida europee/ Magnus et al, 2020; OMS/ Evely et al, 2021 e Magnus et al, 2021).**

Condizioni di crescita ottimali:

La Neisseria gonorrhoeae è un organismo fastidioso e richiede un terreno di coltura arricchito con agenti antimicrobici e antifungini per evitare la crescita eccessiva della normale flora commensale nel campione. Inoltre, sono presenti vitox (fattori di crescita), elementi speciali come il ferro e l'emoglobina.

Le condizioni ottimali per la crescita di *Neisseria gonorrhoeae* (con periodo di incubazione (48-72) ore) sono state seguite come:

- terreni selettivi arricchiti con (vitox, agenti antimicotici e antimicrobici)
- Umidità (70-80) %
- Il pH. (6,75-7,5) è stato mantenuto dalle istruzioni di fabbricazione di ciascun prodotto.
- Alta concentrazione di anidride carbonica CO_2 (4-6) %.
- Temperatura (35-37)° C per almeno 48 ore.
- Il periodo di incubazione dura circa 48 ore e in alcuni casi 72 ore. **(Thomus e Susanne, 2020; Apurba e Sandhya, 2016; e Monica, 2006).**

Queste condizioni sono garantite dall'incubatore batteriologico, che può mantenere la temperatura, l'umidità, il pH e la concentrazione di CO_2 ottimali in alcuni modelli, quindi se l'incubatore microbiologico utilizzato non è progettato per mantenere il livello di CO_2 possiamo fornirle con la tecnica dei **vasi di candele** (illustrata in Figura 2).

I terreni inoculati vengono posti in un barattolo con una candela accesa e poi il barattolo viene completamente sigillato; la candela accesa riduce l'ossigeno fino al punto in cui la fiamma si spegne; questo fornisce un'atmosfera di circa il 5% di CO_2 [Neisseria gonorrhoeae è un batterio capnofilo]. **(Apurba e Sandhya, 2016)**

Figura (2): Tecnica dei vasi a candela:

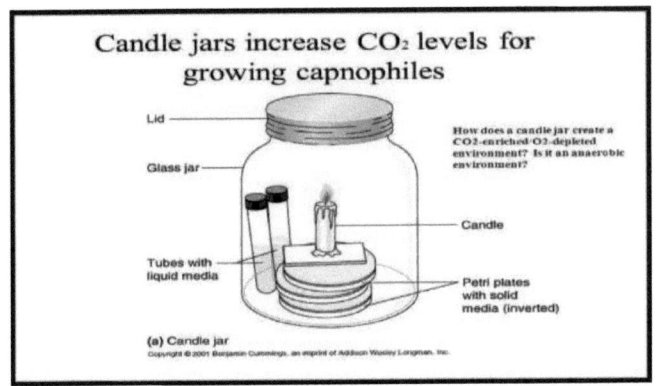

(Apurba e Sandhya, 2016)

5- Tipi di terreni di coltura per l'isolamento e la coltivazione:

1- GC II Agar.

2- GCII Agar con emoglobina e Iso VITALX® o Chocolate II Agar con emoglobina e Iso VitalX®.

3- GC- Lect™ Agar.

4- Martin- Lewis agar.

5- Martin- Lewis agar, arricchito. (John et al, 1994)

6- Tipi di terreni di coltura selettivi utilizzati per _Neisseria gonorrhoeae_:

Isolamento selettivo e terreni di coltura:

.1- Terreno Thyer Martine modificato con supplemento di inibitore (VCNT):

(Terreno selezionato nel nostro studio e terreno inoculato con il metodo dello streaking in condizioni ottimali)

- GC agar base come polvere disidratata 18g

Ottenuto da (Oxoid™ prodotto CM0367):

Amido di mais 1   g/l
Peptone speciale 15   g/l
Cloruro di sodio 5   g/l
Idrogeno fosfato dipotassico 4   g/l
Potassio di-idrogeno   fosfato 1 g/l
   Agar 10 g/l

- Fattori di crescita Vitox.

Ottenuto da (prodotto Oxoid™ SR 0090A):

Vitamina B_{12} 0,1 mg   .
L-glutammina   100 mg   .
Adenina SO4   10 mg .

Guanina HCL 0,3 mg .
Acido p-aminobenzoico 0,13 mg .
L-cisteina11 mg.
NAD (coenzima 1) 2,5 mg .
Cocarbossilasi1mg .
Nitrato ferrico0 ,2 mg .
Tiamina HCL0 ,03 mg .
Cisteina HCL 259 mg.

Preparato aggiungendo aseticamente una fiala di polvere disidratata di vitox al liquido di reidratazione di vitox e mescolando delicatamente per dissolverlo completamente.

- **Liquido di reidratazione Vitox:**
Glucosio1g .
Acqua distillata 10 ml.
- **[Fiala di integratori antibiotici** .

Ottenuto da (prodotto Oxoid™ SR 0091E):
Vancomicina1 ,5 mg
Colistina metano solfato3 , 75mg
Nistatina 6. 250IU
Trimetoprim2 , 5mg

Aggiungere asetticamente 2 ml di acqua distillata sterile in una fiala e mescolare delicatamente per sciogliere completamente la polvere.

- **Emoglobina in polvere5g** .

Ottenuto da (prodotto Oxoid™ LP0053):
Preparare una soluzione di emoglobina **al 2%** aggiungendo **5 g di emoglobina** in polvere a **250 ml di** acqua distillata calda; sterilizzare in autoclave a **121° C per 15 minuti.**

Mezzo di preparazione:
Per preparare 500 ml di terreno:

- Sospendere **18 g** di **GC agar** base in **240 ml di** acqua distillata e mescolare delicatamente per sciogliere l'agar; portare la miscela a ebollizione; sterilizzare in autoclave a **121° C per 15 minuti.**
- Aggiungere asetticamente la soluzione di **vitox** a 240 ml di soluzione preparata in GC agar base; raffreddare a **50° C**; aggiungere asetticamente il supplemento **[VCNT].**
- Aggiungere asetticamente **250 ml** di soluzione sterile di emoglobina raffreddata a **50 OC**
- Mescolare delicatamente e versare asetticamente in piastre di Petri sterili in condizioni di sterilizzazione. .

(Monica, 2006; CLSI, 2020; ™oxoid™, istruzioni e Apurba e Sandhya, 2016).

Altri tipi di isolamento selettivo e terreni di coltura:
2- **Thayer-Martin Agar Modificato (MTM II) (Modified Thayer- Martin Agar II).**
3- **Thayer-Martin Medium.**

4- Terreno di Thayer-Martin con (CNVT).
5- Terreno Thayer-Martin, modificato (Modified Thayer-Martin Agar).
6- Thayer-Martin Medium, selettivo.
7- Agar selettivo Thayer-Martin.
8- Formulazione di New York City con (LCAT).
9- New York City Medium con (VCNT).
10- Terreno di New York City, modificato con (LCNT) (John et al, 1994).
7- Tipi di mezzi di differenziazione.
1- Herbaspirillum Agar:
2- Terreno selettivo PPNG (Penicillinase-Producing Neisseria gonorrhoeae Medium). (John et al, 1994)

8- Identificazione dell'organismo testato:

Dopo il periodo di incubazione, la crescita è stata identificata mediante caratteristiche morfologiche, test biochimici e colorazione di Gram.

1- Caratteristiche morfologiche delle colonie:
Colonie di gonococchi di dimensioni variabili con contorno irregolare, grigio lucido e convesso (**Monica, 2006 e CLSI, 2020**).

2- Test biochimici sui gonococchi:
a- Test dell'ossidasi:
Utilizzando la striscia di ossidasi ottenuta da (™oxoid™, prodotto MB0266A)
Usare un'ansa monouso per fare un tampone della colonia batterica sulla striscia di ossidasi per rilevare il cambiamento di colore in blu-violetto nella reazione positiva all'ossidasi. (**Monica, 2006; CLSI, 2020 e ™oxoid™, istruzioni**)

b- Test della catalasi:
Elaborazione del test della catalasi con il metodo del vetrino o della fionda
Metodo a vetrini del test della catalasi:
Perossido di idrogeno [H_2O_2] ottenuto da (**prodotto piochem™ hy0012**) Vetrino; ansa di inoculazione; contagocce; acqua distillata; fiamma Bunsen.
Dividere il vetrino in due parti: test e controllo; mettere una goccia di acqua distillata in ogni parte; con un'ansa sterile monouso prelevare la colonia di crescita batterica e mescolarla con una goccia d'acqua per ottenere una piccola sospensione; prelevare [H_2O_2] con un contagocce di vetro e metterne una goccia su ogni piccola sospensione; rilevare la reazione positiva della catalasi mediante la formazione di bolle di schiuma sul vetrino. (**Monica, 2006; CLSI, 2020 e ™oxoid™, istruzioni**)

c- Test di fermentazione dei carboidrati:
Utilizzare Brodo base rosso fenolo come polvere disidratata ottenuta da (**©LIOFILCHEM® Brodo base rosso fenolo, Italia**) con diversi carboidrati, testando la fermentazione di glucosio, saccarosio e maltosio.
Contenuti:
Caseina   peptone10g/l
Estratto di   carne3g/l

Cloruro di sodio 5g/l
Rosso fenolo (come indicatore di PH)   0,018g/l
Carboidrato specifico*10g/l
Sospendere **18 g** di polvere disidratata in **1 litro** di acqua distillata; riscaldare fino a completa dissoluzione; aggiungere **10 g** di carboidrato specifico; mescolare bene e dispensare in provette; sterilizzare in autoclave a **121º C** per **15 minuti**; inoculare le provette con le colonie isolate; incubare in condizioni anaerobiche e asettiche a **37º C** per **48 ore** per rilevare il cambiamento di colore del terreno da rosso a giallo derivante dal cambiamento di PH causato dall'acido prodotto come prodotto finale del processo di fermentazione indicabile con l'indicatore rosso fenolo. (**Monica, 2006; CLSI, 2020 e ©LIOFILCHEM® s.r.l, Italia**)
(Il test di fermentazione può essere testato con il test di utilizzo rapido dei carboidrati [RCUT]).

3- Colorazione di Gram per l'organismo in esame:
Colorazione di Gram delle colonie batteriche per individuare i reni Gram-negativi di forma diplococcica. (**Procedure di colorazione di Gram già menzionate**)

4- NAAT:
È importante e raccomandata nell'infezione gonococcica complicata [CGI] e nell'infezione gonococcica disseminata [DGI], non nei casi non complicati, per cui i NAAT sono i più sensibili per rilevare *Neisseria gonorrhoeae* in genere >**95%** e con una specificità superiore al >**99%**.
I test commerciali attualmente disponibili si basano sulla reazione polimerasica, sulla reazione polimerasica con legante o sull'amplificazione isotermica mediata dalla trascrizione. I **NAAT** si applicano soprattutto ai campioni extragenitali. (**Thomus e Susanne, 2020; CDC/Kimberly e Gail, 2015; Linee guida europee/ Magnus et al, 2020; Whiley, 2006 e Dona et al, 2017**).

9- Test di suscettibilità antimicrobica:
Con il metodo della diffusione su disco, dopo la coltivazione su piastra di agar come coltura a prato o a tappeto, che fornisce una crescita superficiale uniforme dei batteri su supporti solidi. Secondo il **Clinical Laboratory Standard Institute (CLSI)**, la tecnica di diffusione su disco viene applicata su base di **agar GC** e supplementi di crescita definiti **all'1%**, a differenza della maggior parte degli altri microbi che vengono applicati su terreni Muller-Hinton. (**CLSI, 2017; CLSI, 2020; Thomus e Susanne, 2020; Linee guida europee/Magnus et al, 2020 e Evelyn et al, 2021**).

Terreno di coltura e manutenzione:

1- GC Agar con supplementi definiti (terreno selezionato nel nostro studio)
GC agar base 990 ,0mL
Soluzione di integratori definiti 10 .0mL
pH 7,2 0,2 a 25°C
Base GC Agar:

Composizione per litro:
Agar 10,0g
Digestione pancreatica della caseina 7,50g
Digesto peptico di tessuto animale 7,50g
Nacl 5.0g
K2HPO4 4,0g
Amido di mais 1.0g
KH2PO4 1,0g
Fonte: La base GC agar è disponibile come polvere premiscelata presso (BBL Microbiology Systems™), (oxoid™). Questa base può essere sostituita dal terreno di coltura GC disponibile da
(Difco Laboratories™).

Preparazione della base GC Agar:
Aggiungere i componenti all'acqua distillata/deionizzata e portare il volume a 1,0L; mescolare accuratamente; riscaldare delicatamente fino all'ebollizione; autoclavare per 15 minuti a 15 psi di pressione-121°C; raffreddare a 45°-50°C.

Soluzione definita per gli integratori:
Composizione per 100.0mL:
Glucosio 40,0g
Glutammina 1.0g
Fe (NO3)3.6H2O0,05g
Cocarbossilasi 2.0mg

Preparazione della soluzione di integratori definiti:
Aggiungere i componenti all'acqua distillata/deionizzata e portare il volume a 100,0 mL; mescolare accuratamente; filtrare per sterilizzare.

Preparazione del terreno:
A 990,0 mL di base sterile di agar GC, aggiungere aseticamente 10,0 mL di soluzione sterile di integratori definiti; mescolare accuratamente; versare in piastre Petri sterili o distribuire in provette sterili.

Altri tipi di terreni di coltura e mantenimento:
2- **Base Agar Casman**
3- **Agar destrosio proteoso.**
4- **Amido destrosio Agar.**
5- **GC Agar con Penicillina G.**
6- **GC Agar con supplemento A:**
7- **GC Agar con supplemento A e con inibitori VCN:**
8- **GC Agar con supplemento A e con inibitori VCTN.**
9- **GC Agar con supplemento B**
10- **Terreno GC con cloramfenicolo.**
11- **Mantenimento dell'antigene L nella Neisseria. (John et al, 1994)**

10- Test di suscettibilità antimicrobica (metodo di diffusione dei dischi):

Con un'ansa sterile prelevare gli isolati dalle colonie cresciute su **terreno Thyer Martin** per la coltura di purificazione su terreno agar; con il **metodo del prato (tappeto)** (per ottenere uno spessore e una distribuzione uniformi dell'inoculo batterico) inoculare le piastre Petri agar con l'inoculo di *Neisseria gonorrhoeae* in condizioni asettiche; con pinze sterili e in condizioni asettiche, immergendo i **dischi anti-biotici** sulla superficie del terreno di coltura inoculato in agar a una distanza uguale tra i bordi della parete della piastra e tra di loro, i dischi anti-biotici ottenuti da (™oxoid™; antimicrobial susceptibility test discs) e (Bioanalyse® **antimicrobial susceptibility test discs) selezionati rappresentano tutti i gruppi funzionali di antibiotici** e anche generazioni ampiamente recenti, sono i seguenti (come da Tabella.4):

Tabella (4): I dischi anti-biotici selezionati rappresentano tutti i gruppi funzionali anti-biotici:

Gruppo anti-biotico	Antibiotico	Abbreviazione	[MIC]
Penicilline (prima generazione)	Penicillina G	PG	10 UI
Aminopenicilline (penicilline di 3a gencrazione)	Amoxicillina	AML	^{10}gg
	Amoxicillina/acido clavulanico	AMC	30 gg
	Ampicillina10 pg /sulbactam10 Pg	SAM	^{20}gg
Uredopencilline (4th generazione di pencilline)	pipracillina	PRL	100 gg
Cefalosporine (1st generazione)	Cefradina	CE	30 gg
Cefalosporine (2a generazione)	Cefaclor	CEC	30 gg
	Cefoxitina	FOX	30 gg
Cefalosporine (3a generazione)	Ceftriaxone	CRO	30 gg
Cefalosporine (4th generazione)	Cefepime	FEP	30 gg
Flurochinoloni (2a generazione)	Ofloxacina	OFX	^{5}gg
	Ciprofloxacina	CIP	^{5}gg
Flurochinoloni (3a generazione)	Levofloxacina	LEV	^{5}gg
Aminoglicosidi	Amikacina	AK	30 gg
	Tobramicina	TOB	^{10}gg
	Gentamicina	CN	^{10}gg
Ossazolidinone	Linezolid	LZD	30 gg
Sulfamidici	Trimetoprim1,25 Sig/solfametossazolo23,75 Lig	SXT	^{2}5gg
Lincosamide	Clindamicina	DA	^{2}gg

Vancomicina	Vancomicina	VA	30gg
Carbapenemi	Imipenem	IPM	10U
	Meropenem	MEM	10U
Tetracicline	Doxiclina	FARE	30gg
Macrolidi	Azitromicina	AZM	15gg

11- Misurazione del test di suscettibilità antimicrobica:

Dopo un periodo di incubazione completo (**48 ore**) di piastre di agar inoculate con *Neisseria gonorrhoeae* e dischi anti-biotici concentrati con la **[MIC]** minima concentrazione inibitoria, si formano **zone di inibizione** intorno ai dischi **(placche)** notevoli per il grado di sensibilità o resistenza.

(suscettibilità); zona di inibizione misurata in millimetri in base al ruolo e al riferimento del grado di suscettibilità secondo l'**OMS** che raccomanda la tecnica di diffusione su disco Kirby-Bauer modificata (National Committee for Clinical Laboratory Standers **NCCLS**), il Clinical Laboratory Standard Institute **CLSI** e l'European Committee on Antimicrobial Susceptibility Testing **EUCAST** (Comitato europeo per i test di suscettibilità antimicrobica) per misurare i punti di rottura della zona di inibizione (come indicato nella tabella 5):

Tabella (5): MIC e punti di rottura della zona di inibizione:

Agenti antimicrobici	Potenza del disco	Diametro della zona di inibizione in [mm].		
		Suscettibile	Intermedio	resistenza
Penicilline:				
Ampicillina	^{10} Hg	>17	14-16	<13
Benzilepencillina	10 UI	>47	27-46	<26
Penicillina-G	10 UI	>47	27-46	<26
Spettinomicina	100 Hg	>18	15-17	<14
B-lattami:				
Cefalosporine [Cefalosporine I, II, III, IV]:				
Ceftriaxone	30 Hg	>35	//	//
Cefoxitina	30 Hg	>28	24-27	<23
Cefuroxima	30 Hg	>31	26-30	<25
Cefepime	30 Hg	>31	//	//
Cefmatazolo	30 Hg	>33	28-32	<27
Cefotaxima	30 Hg	>31	//	//
Cefotetan	30 Hg	>26	20-25	<19
Ceftazidima	30 Hg	>31	//	//
Ceftizoxima	30 Hg	>38	//	//
Cefixime	^{5} Hg	>31	//	//
Cefpodoxima	^{10} Hg	>29	//	//
Cefetamet	^{10} Hg	>29	//	//
Carbapenemi				
Imipenem	^{10} Hg	>23	20-22	<19
Agenti antimicrobici	Potenza del disco	Diametro della zona di inibizione in [mm].		

		Suscettibile	Intermedio	resistenza
Inibitori della sintesi proteica:				
1- Anti subunità ribosomiale 30S:				
1.1- Amino glicosidi:				
Gentamicina	^{10}Hg	>15	13-14	<12
Amikacina	30 Hg	>17	15-16	<14
1.2- Tetraciclina:				
Tetraciclina	30 Hg	>38	31-37	<30
Doxiciclina	30 Hg	>38	31-37	<30
Minociclina	30 Hg	>38	31-37	<30
2- Anti subunità ribosomiale 50S: Macrolidi:				
Eritomicina	^{15}Hg	>23	14-22	<13
Azitromicina	^{15}Hg	>23	14-22	<13
Inibitori della sintesi degli acidi nucleici:				
1- Fluorochinoloni:				
Ciprofloxacina	^{5}Hg	>41	28-40	<27
Enoxacina	^{10}Hg	>36	30-35	<31
Lemofloxacina	^{10}Hg	>38	27-37	<26
Ofloxacina	5Hg	>31	25-30	<24
Fleroxacina	^{5}Hg	>35	29-34	<28
Gatifloxacina	^{5}Hg	>38	34-37	<33
Nitrofurantoina	300 Hg	>17	15-16	<14
2- Sulfamidici				
Sulfamidici	300Hg	>17	13-16	<12

(Apurba e Sandhya, 2016; Monica, 2006; CDC, 2005; CLSI, 2017); CLSI, 2020; OMS, 2011; Jan, 2016; CDC/ Sancta et al, 2020; Thomus e Susanne, 2020 e Linee guida europee/ Magnus et al, 2020)

CAPITOLO III

RISULTATI SPERIMENTALI

1- Raccolta di campioni di isolati batterici:

Nel corso di tre anni (2017-2020) sono stati raccolti 33 isolati clinici (tampone di scarico uretrale) da pazienti maschi di età variabile con diagnosi di uretrite gonococcica non complicata [UGU] ottenuti dall'Istituto Nazionale di Urologia e Nefrologia del Cairo con scheda diagnostica della malattia e anamnesi completa per ogni paziente.

2- Trasporto dei campioni in laboratorio (raccolti su un supporto di trasporto Amies con carbone (come in Figura 3)

Figura (3): Le foto mostrano il mezzo di trasporto Amies con il carbone:

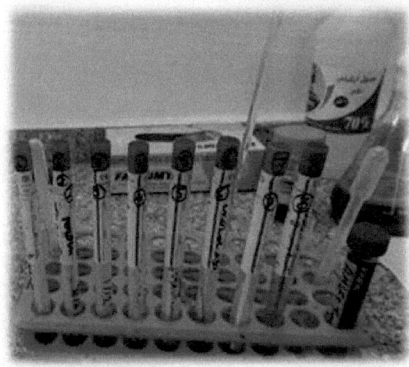

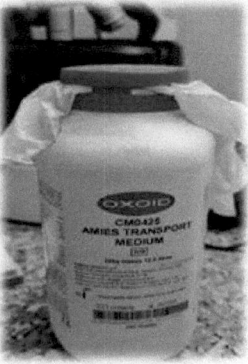

3- Identificazione di diplococchi polimorfi intraleucocitari a forma di rene mediante esame microscopico di strisci freschi colorati con Gram (Remel™ Gram stain kit; R40080):

Tutti i campioni hanno dato risultati positivi con una colorazione di Gram che mostrava intraleucociti Gram negativi a forma di rene diplococcico (come nella Figura 4).

Figura (4): Le foto mostrano intraleucociti Gram negativi di forma renale diplococcica:

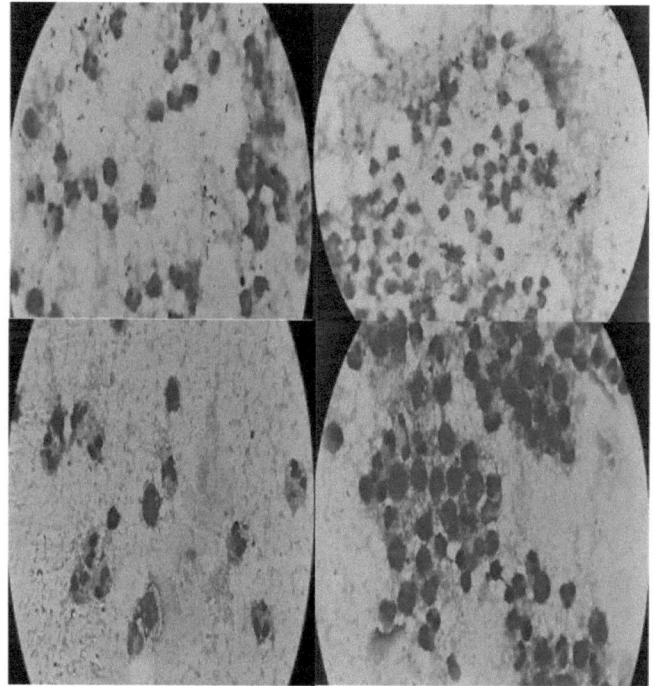

Le foto mostrano intraleucociti Gram negativi di forma renale diplococcica:

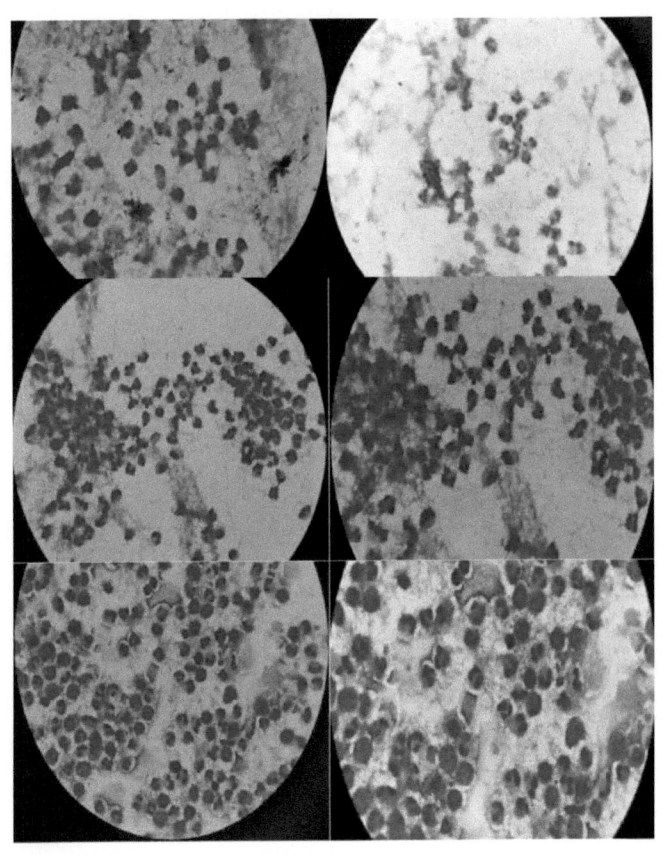

4- L'esame microscopico di campioni di striscio freschi mostra i risultati nelle tabelle 6 e 7:

Tabella (6): Batteri coinfettanti nello scarico uretrale dei pazienti (età compresa):

Caso n.	Età (anni)	Infezione batterica			Caso n.	Età (anni)	Infezione batterica		
		-veB	+veB	+ve Co.			-veB	+veB	+ve Co.
1	38	-	+	+	18	33	+	-	+
2	35	-	+	+	19	31	+	-	+
3	26	-	-	+	20	32	+	-	-
4	21	-	-	-	21	22	+	+	-
5	24	-	-	-	22	30	+	+	-
6	43	+	-	+	23	31	-	-	-
7	40	+	-	+	24	34	+	-	+
8	22	-	-	+	25	22	-	+	-
9	24	+	-	-	26	29	+	+	-
10	28	-	-	+	27	52	+	-	+
11	23	+	-	-	28	36	-	-	+
12	57	+	+	-	29	22	-	-	-
13	37	-	+	-	30	20	-	-	-
14	41	+	+	-	31	21	-	-	-
15	33	+	+	-	32	22	-	-	-
16	34	-	-	+	33	18	-	-	-
17	38	+	+	-					

(-ve B: bacilli negativi, +ve B: bacilli positivi, +ve Co: cocci positivi)

Tabella (7): Esame microscopico dello scarico uretrale del paziente (organismi coloniali misti):

Caso n.	Esame microscopico (H.P.F)				Caso n.	Esame microscopico (H.P.F)			
	Pus.	RBC	B.B	B.CO		Pus.	RBC.	B.B	B.CO
1	4-6	0-1	+	+	18	5-7	1-2	+	+
2	4-6	0-1	+	+	19	8-10	2-3	+	+
3	18-20	8-10	-	+	20	5-7	0-1	+	+
4	4-6	1-2	-	+	21	6-8	0-1	+	+
5	4-6	1-2	-	+	22	7-9	0-1	+	+
6	4-6	1-2	+	+	23	6-8	0-1	-	+
7	6-8	1-2	+	+	24	6-8	0-1	+	+
8	7-9	1-2	-	+	25	4-6	0-1	+	+
9	4-6	0-1	+	+	26	12-15	2-3	+	+
10	8-10	1-2	-	+	27	18-20	2-3	+	+
11	25-30	4-6	+	+	28	4-6	1-2	-	+
12	4-6	0-1	+	+	29	4-6	0-1	-	+
13	5-7	0-1	+	+	30	7-9	0-1	-	+
14	8-10	2-3	+	+	31	4-6	1-2	-	+
15	5-7	1-2	+	+	32	5-7	1-2	-	+
16	5-7	1-2	-	+	33	4-6	0-1	-	+
17	8-10	0-1	+	+					

(Pus: cellule del pus; RBC: globuli rossi; B.B: bacilli batterici; B.CO: cocci batterici; H.P.F: campo ad alta potenza)

5- Coltivazione su terreni di coltura e isolamento selettivi (terreno Thyer Martine modificato con supplementi VCNT):
Terreno selezionato nel nostro studio e terreno inoculato per striatura in condizioni ottimali (come in Figura 5).

Figura (5): Foto della preparazione del Thyer Martien Media:

6- Identificazione dell'organismo testato:
Dopo il periodo di incubazione, identificare la crescita mediante caratteristiche morfologiche, test biochimici e colorazione di Gram.

6. a- Caratteristiche morfologiche delle colonie:
Tutti i campioni forniscono colonie di dimensioni variabili con contorni irregolari, di colore grigio lucido e convesse (come nella Figura 6).

Figura (6): Foto che mostrano le caratteristiche morfologiche di _Neisseria Gonorrhoea_ su terreno selettivo Thyer Martien con supplemento VCNT:

Foto che mostrano le caratteristiche morfologiche di *Neisseria Gonorrhoea* su terreno selettivo Thyer Martien con supplemento VCNT:

Foto che mostrano le caratteristiche morfologiche di _Neisseria Gonorrhoea_ su terreno selettivo Thyer Martien con supplemento VCNT:

Foto che mostrano le caratteristiche morfologiche di *Neisseria Gonorrhoea* su terreno selettivo Thyer Martien con supplemento VCNT:

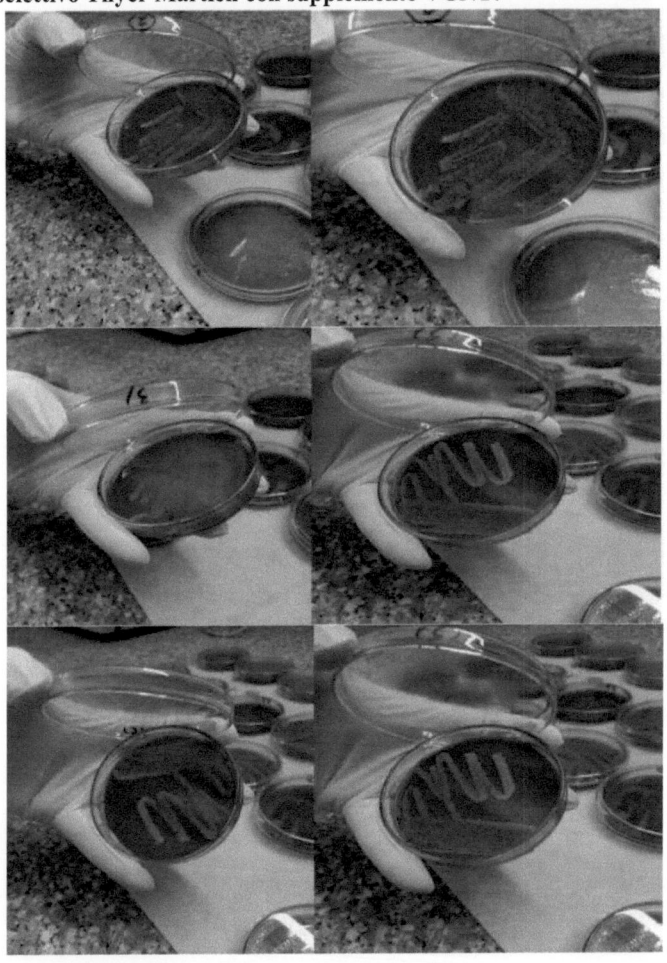

Foto che mostrano le caratteristiche morfologiche di *Neisseria Gonorrhoea* su terreno selettivo Thyer Martien con supplemento VCNT:

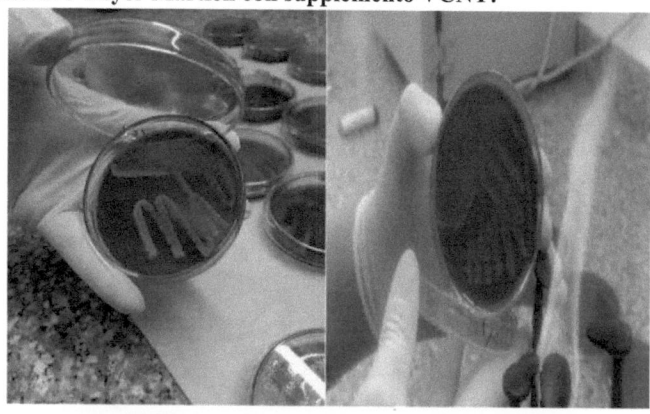

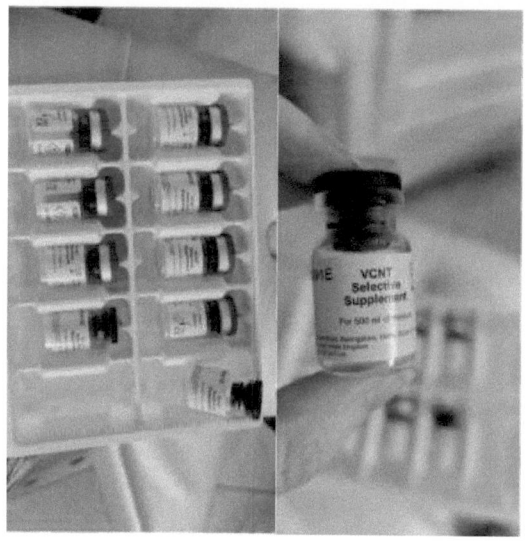

Foto che mostrano le caratteristiche morfologiche di *Neisseria Gonorrhoea* su terreno selettivo Thyer Martien con supplemento VCNT:

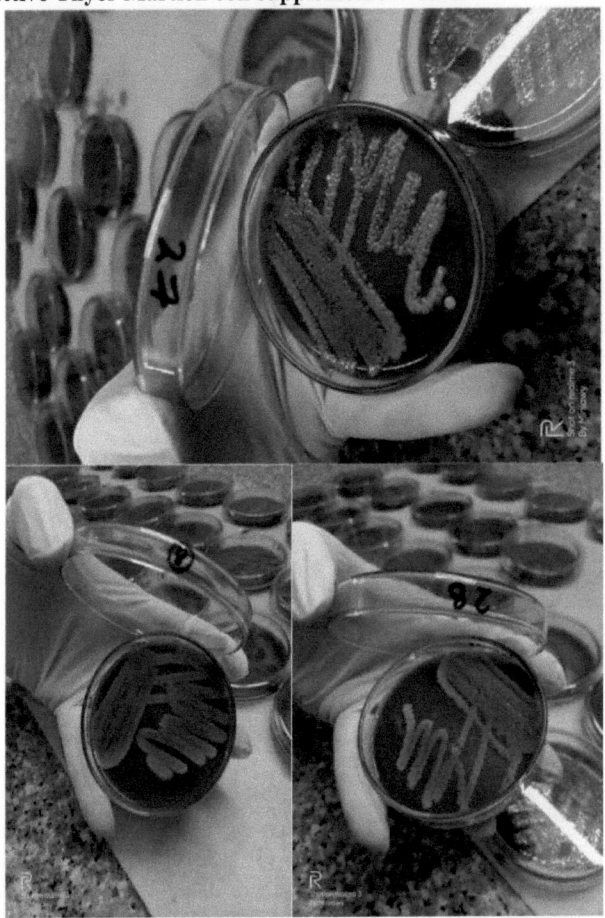

5- b- Test biochimici dei gonococchi (come mostrato nella Tabella 8& Figura.7)

1- Test dell'ossidasi:
   Utilizzando la striscia di ossidasi ottenuta da (™Oxoid™ prodotto MB0266A)
   Tutti gli isolati sono positivi al test dell'ossidasi.

2- Test della catalasi:
   Utilizzando il metodo del vetrino per il test della catalasi:
   Perossido di idrogeno H_2O_2 ottenuto da (Piochem™ prodotto hy0012)
   Tutti gli isolati sono positivi al test della catalasi.

3- Test di fermentazione dei carboidrati:
   Utilizzare Brodo base rosso fenolo come polvere disidratata ottenuta da (©LIOFILCHEM® **Brodo base rosso fenolo, Italia**) con diversi carboidrati,

testando la fermentazione di glucosio, saccarosio e maltosio.
Tutti gli isolati fermentano solo il glucosio, non il maltosio o il saccarosio.

Test biochimici Caso n.	Catalasi	Ossidasi	Fermentazione dei carboidrati		
			Glucosio	saccarosio	maltosio
1	+ve	+ve	+ve	-Voce	-Voce
2	+ve	+ve	+ve	-Voce	-Voce
3	+ve	+ve	+ve	-Voce	-Voce
4	+ve	+ve	+ve	-Voce	-Voce
5	+ve	+ve	+ve	-Voce	-Voce
6	+ve	+ve	+ve	-Voce	-Voce
7	+ve	+ve	+ve	-Voce	-Voce
8	+ve	+ve	+ve	-Voce	-Voce
9	+ve	+ve	+ve	-Voce	-Voce
10	+ve	+ve	+ve	-Voce	-Voce
11	+ve	+ve	+ve	-Voce	-Voce
12	+ve	+ve	+ve	-Voce	-Voce
13	+ve	+ve	+ve	-Voce	-Voce
14	+ve	+ve	+ve	-Voce	-Voce
15	+ve	+ve	+ve	-Voce	-Voce
16	+ve	+ve	+ve	-Voce	-Voce
17	+ve	+ve	+ve	-Voce	-Voce
18	+ve	+ve	+ve	-Voce	-Voce
19	+ve	+ve	+ve	-Voce	-Voce
20	+ve	+ve	+ve	-Voce	-Voce
21	+ve	+ve	+ve	-Voce	-Voce
22	+ve	+ve	+ve	-Voce	-Voce
23	+ve	+ve	+ve	-Voce	-Voce
24	+ve	+ve	+ve	-Voce	-Voce
25	+ve	+ve	+ve	-Voce	-Voce
26	+ve	+ve	+ve	-Voce	-Voce
27	+ve	+ve	+ve	-Voce	-Voce
28	+ve	+ve	+ve	-Voce	-Voce
29	+ve	+ve	+ve	-Voce	-Voce
30	+ve	+ve	+ve	-Voce	-Voce
31	+ve	+ve	+ve	-Voce	-Voce
32	+ve	+ve	+ve	-Voce	-Voce
33	+ve	+ve	+ve	-Voce	-Voce

(+ve: positivo, -ve: negativo)

Figura (7): Foto delle reazioni biochimiche:

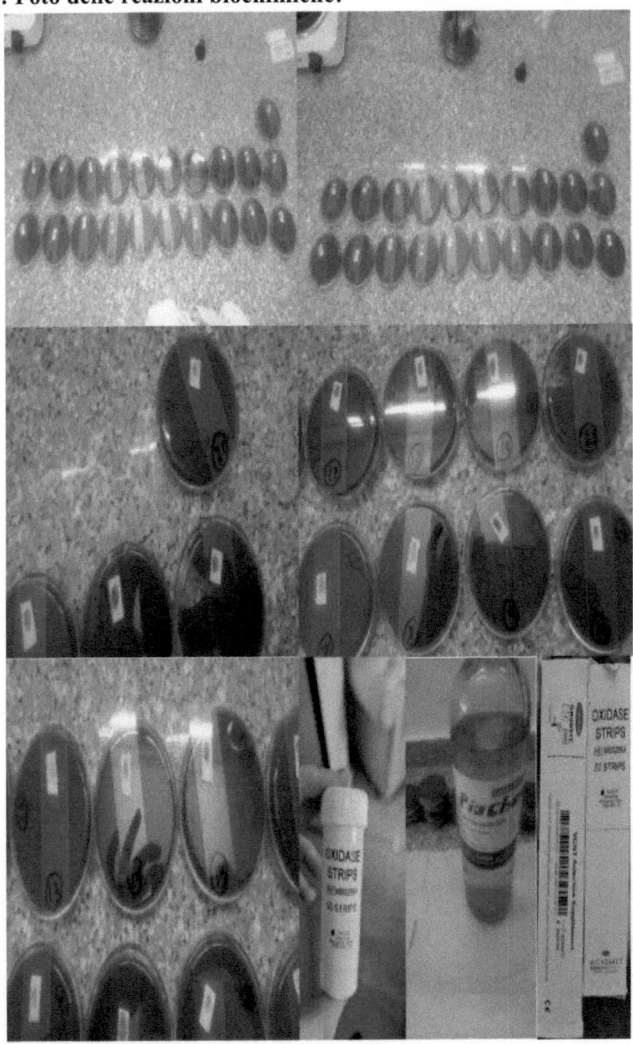

Foto che mostrano le reazioni biochimiche:

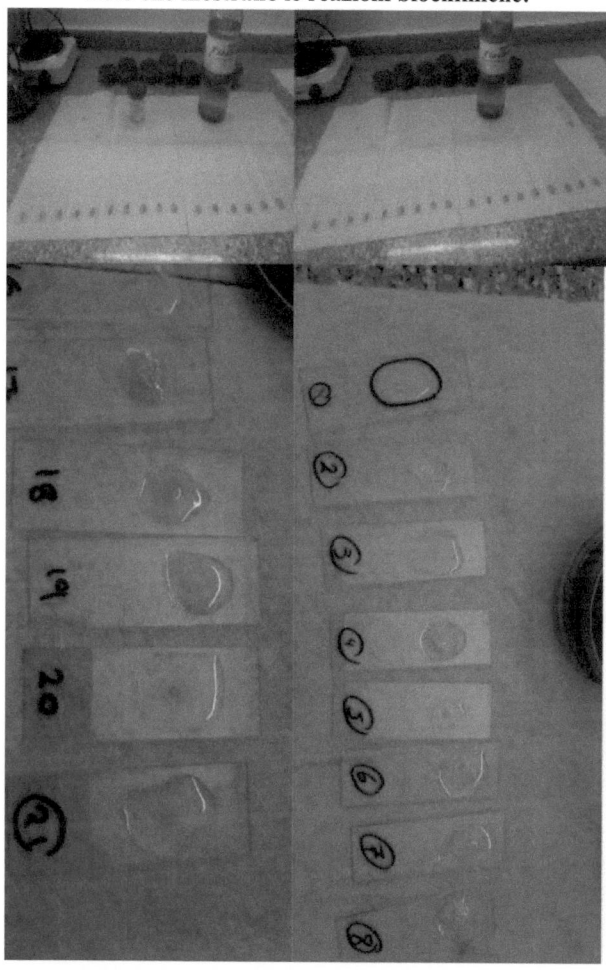

Foto che mostrano le reazioni biochimiche:

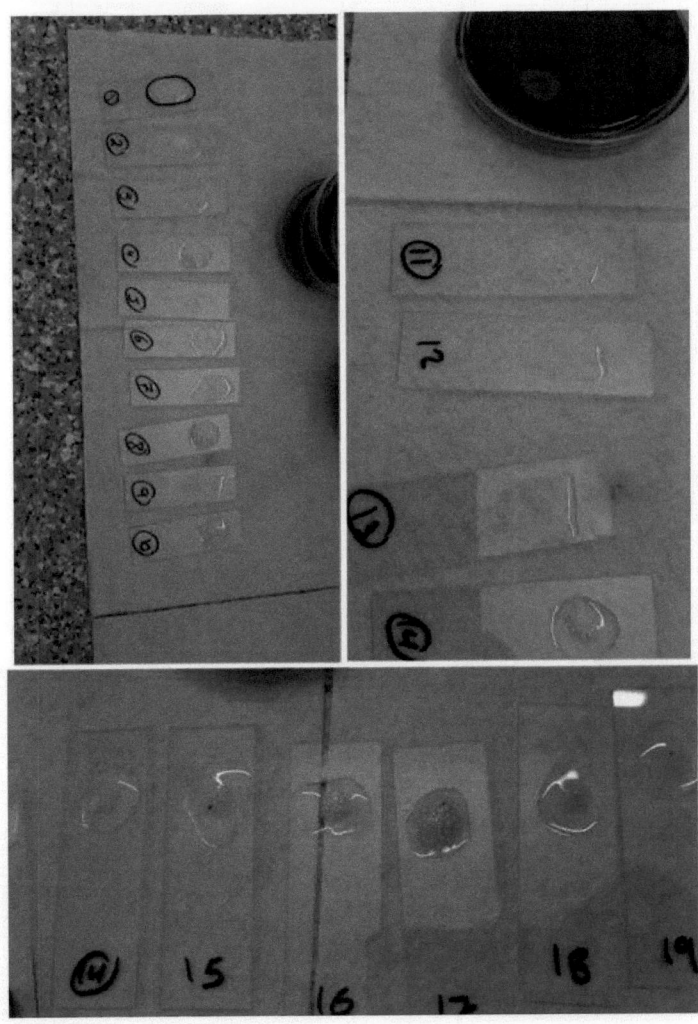

Foto che mostrano le reazioni biochimiche:

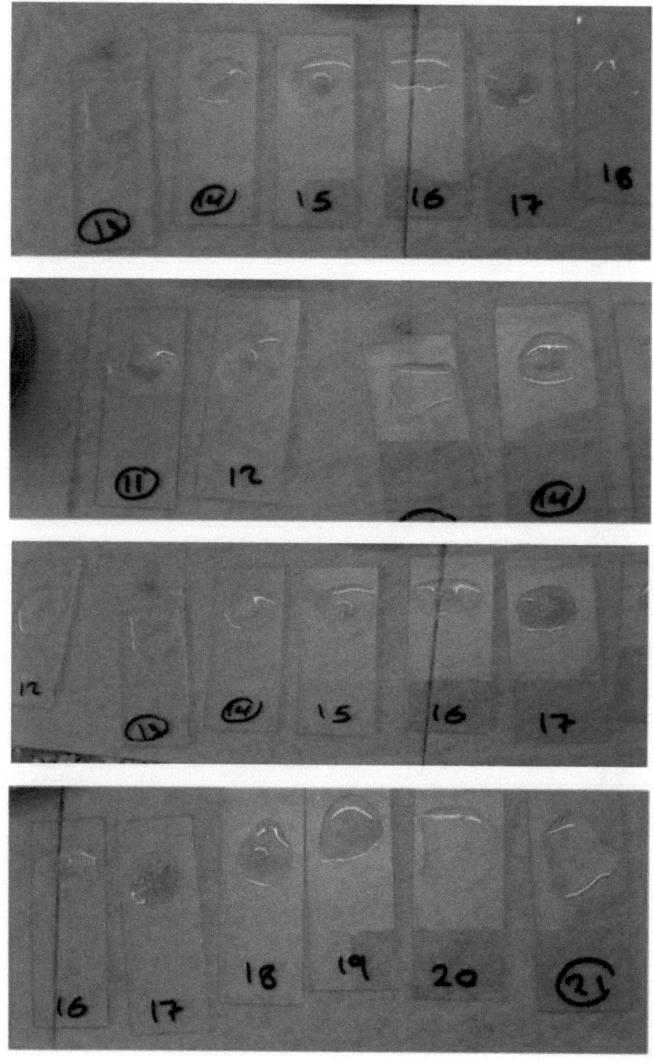

6. c- Identificazione dell'organismo testato mediante colorazione di Gram:

Colorazione di Gram delle colonie batteriche per individuare forme renali Gram-negative diplococciche.
- Tutti gli isolati sono diplococcici Gram negativi di forma renale (come in Figura 8).

Figura (8): Foto della colorazione di Gram delle colonie batteriche per rilevare la presenza di Gram-.
forma renale negativa diplococcica

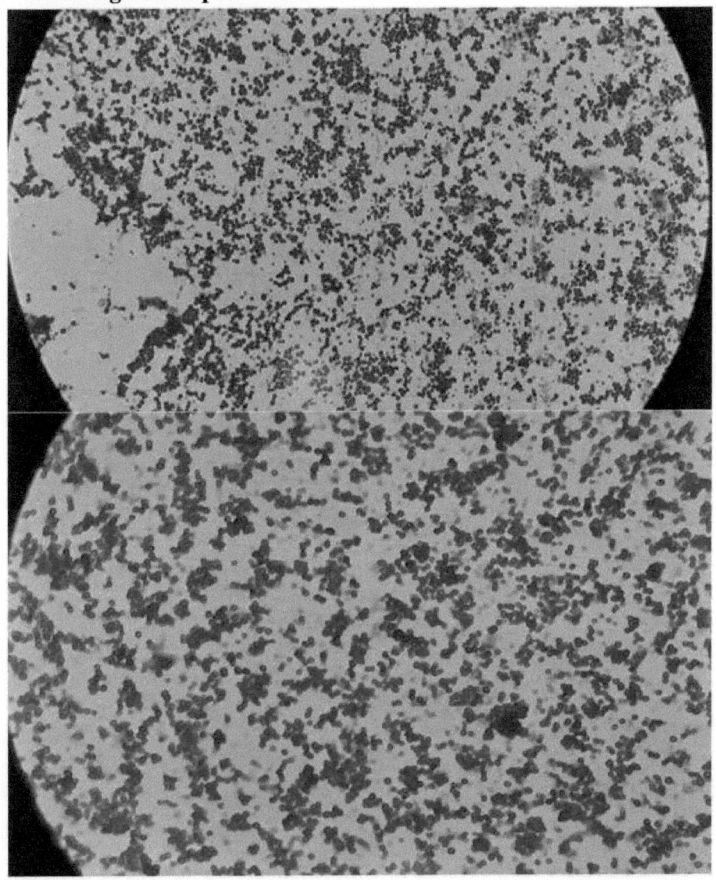

Foto della colorazione di Gram di colonie batteriche per individuare i Gram-negativi a forma di rene diplococcico:

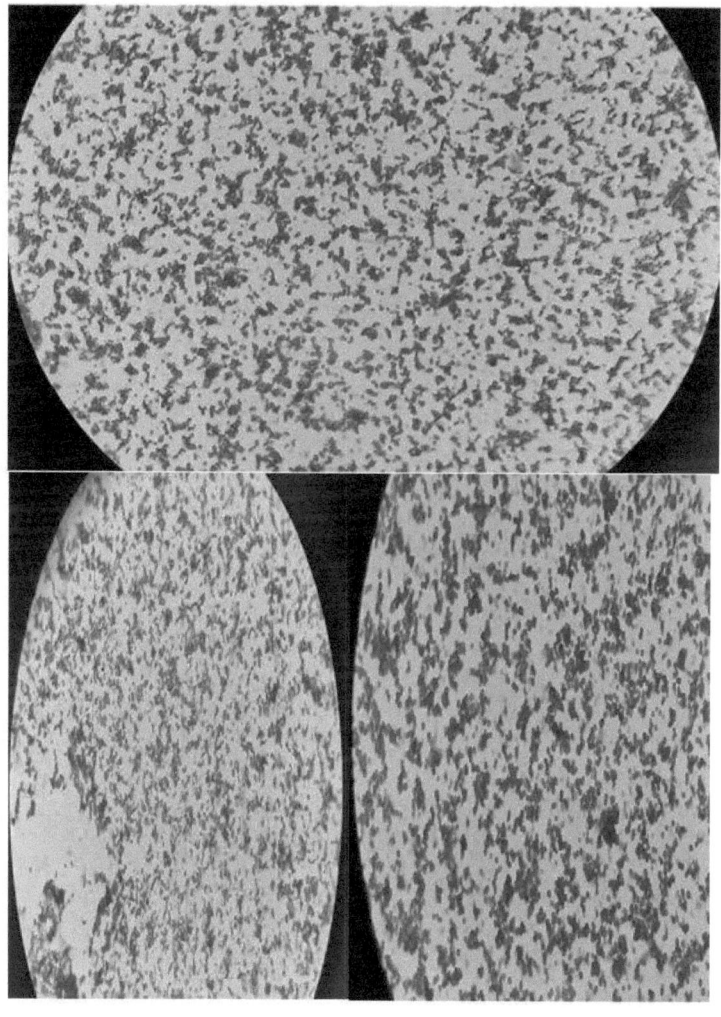

Foto della colorazione di Gram di colonie batteriche per individuare i Gram-negativi a forma di rene diplococcico:

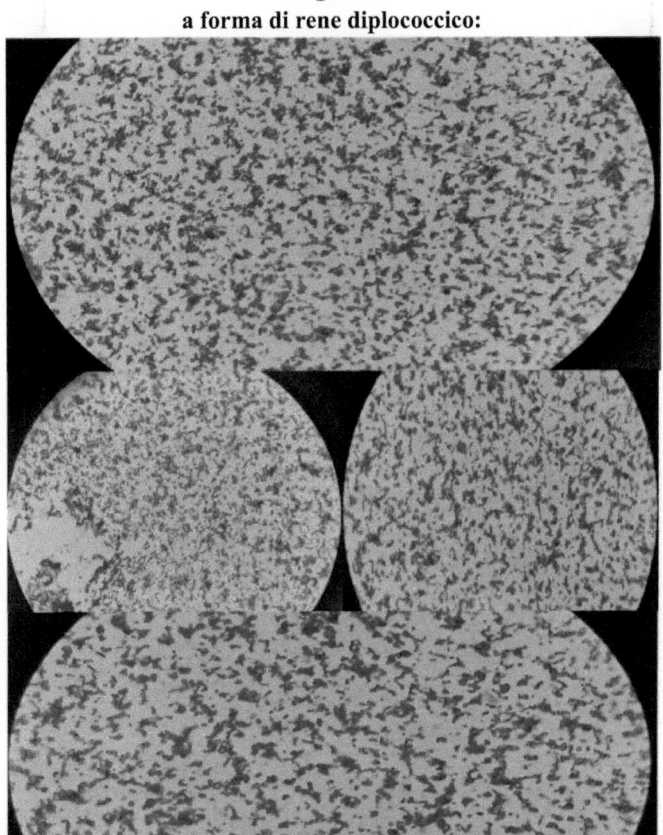

7- Test di suscettibilità antimicrobica:

Con un'ansa di inoculazione sterile sono stati prelevati gli isolati dalle colonie coltivate su **terreno Thyer Martin** per la coltura di purificazione su terreno agar con il metodo della diffusione discale dopo la coltivazione su piastra agar come coltura a prato o a tappeto, secondo la tecnica di diffusione discale (Clinical Laboratory Standard Institute **CLSI**) applicata su base **agar GC** e supplementi di crescita definiti **all'1%**, a differenza della maggior parte degli altri microbi che vengono applicati su terreno Muller-Hinton. **(CLSI, 2017; CLSI, 2020; Thomus e Susanne, 2020; Linee guida europee: Magnus et al, 2020).** inoculare le piastre Petri in agar con l'inoculo di _Neisseria gonorrhoeae_ in condizioni asettiche; con pinze sterili e in condizioni asettiche immergere i **dischi anti-biotici** sulla superficie del terreno di coltura inoculato in agar a una distanza uguale tra i bordi della parete della piastra e tra di loro, dischi anti-biotici ottenuti da ((™oxoid™); **dischi per test di suscettibilità** antimicrobica) e (dischi per test di suscettibilità antimicrobica Bioanalyse®) i dischi anti-biotici selezionati coprono tutti i gruppi funzionali di anti-biotici e anche generazioni ampiamente recenti, sono i seguenti (tabella .9):

Tabella (9): Dischi anti-biotici selezionati (rappresentanti tutti i gruppi di anti-biotici):

Gruppo anti-biotico	Antibiotico	Abbreviazione	[MIC]
Penicilline (prima generazione)	Penicillina G	PG	10 UI
Aminopenicilline (penicilline di 3a generazione)	Amoxicillina	AML	^{10}Hg
	Amoxicillina/acido clavulanico	AMC	30 Hg
	Ampicillina10 pg /sulbactam10 pg	SAM	^{20} Hg
Uredopilline (4th generazione di penciline)	pipracillina	PRL	100 Hg
Ceohalosporine (1st generazione)	Cefradina	CE	30 Hg
Ceohalosporine (2 generazione)	Cefaclor	CEC	30 Hg
	Cefoxitina	FOX	30 Hg
Ceohalosporine (3rd generazione)	Ceftriaxone	CRO	30 Hg
Ceohalosporine (4th generazione)	Cefepime	FEP	30 Hg
Flurochinoloni (2nd generazione)	Ofloxacina	OFX	^{5} Hg
	Ciprofloxacina	CIP	^{5} Hg
Flurochinoloni (3rd generazione)	Levofloxacina	LEV	^{5} Hg
Aminoglicosidi	Amikacina	AK	30 Hg
	Tobramicina	TOB	^{10} Hg
	Gentamicina	CN	^{10} Hg
Ossazolidinone	Linezolid	LZD	30 Hg
Sulfamidici	Trimetoprim1,25 pg/sulfametossazolo23,75 pg	SXT	^{25}Hg
Lincosamide	Clindamicina	DA	^{2} Hg
Vancomicina	Vancomicina	VA	30Hg
Carbapenemi	Imipenem	IPM	10U
	Meropenem	MEM	10U
Tetracicline	Doxiclina	FARE	30Hg
Macrolidi	Azitromicina	AZM	^{15}Hg

8- Misurazione del test di suscettibilità antimicrobica:

- Dopo un periodo di incubazione completo (**48 ore**) di piastre di agar inoculate con *Neisseria gonorrhoeae* e dischi anti-biotici concentrati con la [MIC] minima concentrazione inibitoria, si formano **zone di inibizione** intorno ai dischi (**placca**), notevoli per il grado di sensibilità o resistenza (**suscettibilità**)
- Misurazione della zona di inibizione in millimetri in base al ruolo e al riferimento del grado di suscettibilità secondo l'OMS che raccomanda la tecnica di diffusione su disco Kirby-Bauer modificata (**NCCLS**), (**CLSI**) Clinical Laboratory Standard

Institute (**CLSI**) e (**EUCAST**) European Committee on Antimicrobial Susceptibility Testing (Comitato europeo per i test di suscettibilità antimicrobica), per misurare i punti di interruzione della zona di inibizione, come indicato nella tabella 10:)

Tabella (10): Diametro della zona di inibizione dei farmaci antibiotici selezionati in [mm]:

Agenti antimicrobici	Disco potenza	Diametro della zona di inibizione in [mm].		
		Suscettibile	Intermedio	resistenza
Penicilline:				
Ampicillina	^{10} Hg	>17	14-16	<13
Benzilepencillina	10 UI	>47	27-46	<26
Penicillina-G	10 UI	>47	27-46	<26
Spettinomicina	100 Hg	>18	15-17	<14
в-lattami:				
Cefalosporine [Cefalosporine I, II, III, IV]:				
Ceftriaxone	30 Hg	>35	//	//
Cefoxitina	30 Hg	>28	24-27	<23
Cefuroxima	30 Hg	>31	26-30	<25
Cefepime	30 Hg	>31	//	//
Cefmatazolo	30 Hg	>33	28-32	<27
Cefotaxima	30 Hg	>31	//	//
Cefotetan	30 Hg	>26	20-25	<19
Ceftazidima	30 Hg	>31	//	//
Ceftizoxima	30 Hg	>38	//	//
Cefixime	^{5} Hg	>31	//	//
Cefpodoxima	^{10} Hg	>29	//	//
Cefetamet	^{10} Hg	>29	//	//
Carbapenemi				
Imipenem	^{10} Hg	>23	20-22	<19
Agenti antimicrobici	Potenza del disco	Diametro della zona di inibizione in [mm].		
		Suscettibile	Intermedio	resistenza
Inibitori della sintesi proteica:				
3- Anti subunità ribosomiale 30S:				
1.3- Amino glicosidi:				
Gentamicina	^{10} Hg	>15	13-14	<12
Amikacina	30 Hg	>17	15-16	<14
1.4- Tetraciclina:				
Tetraciclina	30 Hg	>38	31-37	<30
Doxiciclina	30 Hg	>38	31-37	<30
Minociclina	30 Hg	>38	31-37	<30
4- Anti subunità ribosomiale 50S: Macrolidi:				
Eritomicina	^{15} Hg	>23	14-22	<13
Azitromicina	^{15} Hg	>23	14-22	<13
Inibitori della sintesi degli acidi nucleici:				
3- Fluorochinoloni:				
Ciprofloxacina	^{5} Hg	>41	28-40	<27

Enoxacina	10 Hg	>36	30-35	<31
Lemofloxacina	10 Hg	>38	27-37	<26
Ofloxacina	5Hg	>31	25-30	<24
Fleroxacina	5 Hg	>35	29-34	<28
Gatifloxacina	5 Hg	>38	34-37	<33
Nitrofurantoina	300 Hg	>17	15-16	<14
4- Sulfamidici				
Sulfamidici	300Hg	>17	13-16	<12

(Apurba e Sandhya, 2016; Monica, 2006; CDC, 2005; CLSI, 2017);
CLSI, 2020; OMS, 2011; Jan, 2016; CDC/ Sancta et al, 2020; Thomus e Susanne, 2020 e Linee guida europee/ Magnus et al, 2020)

9- Misura del diametro della zona di inibizione (mmIZD):

Tabella (11): Impatto delle penicilline sugli isolati purificati di *Nisseria gonorhoea* (mmIZD):

Caso n.	Penicilline					Caso n.	Penicilline				
	1st .G	2nd .G Aminopenicilline			3rd .G Uredopec-illins		1st . G	2nd .G Aminopenicilline			3rd .G Uredopec-illins
	PG	AML	AMC	SAM	PRL		PG	AML	AMC	SAM	PRL
1	0	0	0	0	38	18	0	0	0	0	3
2	0	0	0	0	0	19	0	0	0	0	2
3	0	0	0	0	0	20	47	0	42	40	45
4	0	0	0	0	1	21	0	0	0	0	1
5	0	0	0	0	0	22	0	0	0	0	0
6	0	0	0	0	2	23	0	0	0	0	0
7	0	0	0	0	0	24	0	0	0	0	18
8	0	0	0	0	0	25	0	0	0	0	20
9	0	0	0	0	0	26	0	0	0	0	0
10	0	0	0	0	3	27	0	0	0	0	19
11	0	0	0	0	5	28	0	0	0	0	40
12	0	0	0	0	4	29	0	0	0	0	0
13	0	0	0	0	2	30	0	0	0	0	2
14	0	0	0	0	0	31	0	0	0	0	1
15	0	0	0	0	20	32	0	0	0	0	16
16	47	45	40	42	48	33	0	0	0	0	0
17	0	0	0	0	40						

(PG: Penicillina G , AML: Amoxicillina, AMC: Amoxicillina/clavulanico, SAM: Ampicillina10 pg /sulbactam10 pg, PRL: pipracillina).

Tabella (12): Impatto delle cefalosporine sugli isolati purificati di *Nisseria gonorhoea* (mmIZD):

Caso n.	Cefalosporine					Caso n.	Cefalosporine				
	1st.G	2nd.G	3rd.G	4th.G			1st.G	2nd.G	3rd.G	4th.G	
	CE	CEC	FOX	CRO	FEP		CE	CEC	FOX	CRO	FEP
1	0	0	0	0	31	18	0	1	0	0	27
2	0	0	0	0	28	19	0	0	0	1	32
3	0	0	0	0	2	20	0	34	0	35	31
4	0	0	0	0	1	21	0	0	0	0	32
5	0	15	25	20	28	22	0	0	0	0	28
6	0	1	0	0	3	23	0	0	0	0	33
7	0	2	0	1	0	24	0	0	0	0	32
8	0	3	0	0	0	25	0	2	0	0	32
9	0	2	0	0	0	26	0	1	0	0	28
10	0	1	0	0	31	27	0	16	0	0	3
11	0	2	0	0	3	28	0	1	0	0	31
12	0	2	0	0	3	29	0	0	0	0	2
13	0	0	2	0	3	30	0	2	0	0	31
14	0	0	1	0	31	31	0	1	0	0	0
15	0	0	2	0	32	32	0	0	0	2	31
16	30	30	0	35	32	33	0	0	0	0	0
17	0	2	0	0	3						

(CE: Cefradina, CEC: Cefaclor, FOX: Cefoxitina, CRO: Ceftriaxone, FEP: Cefepime).

Tabella (13): Impatto dei flurochinoloni sugli isolati purificati di *Nisseria gonorhoea* (mmIZD):

Caso n.	Flurochinoloni			Caso n.	Flurochinoloni		
	2nd.G		3rd.G		2nd.G		3rd.G
	OFX	CIP	LEV		OFX	CIP	LEV
1	24	30	18	18	40	49	50
2	35	32	50	19	43	50	51
3	32	45	52	20	38	50	47
4	33	47	53	21	27	35	48
5	35	48	55	22	46	48	50
6	40	48	50	23	28	52	55
7	42	49	45	24	47	51	53
8	23	27	15	25	45	51	54
9	41	50	49	26	45	55	51
10	44	52	48	27	44	50	52
11	45	53	47	28	43	49	45
12	20	55	53	29	18	20	15
13	50	53	51	30	44	48	49
14	51	50	52	31	20	22	15
15	47	33	49	32	18	18	12
16	48	48	48	33	21	23	13
17	26	35	18				

(OFX: ofloxacina, CIP: ciprofloxacina, LEV: levofloxaico)

Tabella (14): Impatto degli Aminoglicosidi sugli isolati purificati di *Nisseria gonorhoea* (mmIZD):

Caso n.	Aminoglicosidi			Caso n.	Aminoglicosidi		
	AK	TOB	CN		AK	TOB	CN
1	17	13	13	18	10	1	4
2	15	14	14	19	15	0	5
3	16	12	14	20	21	2	15
4	10	8	0	21	16	0	14
5	15	14	16	22	18	15	17
6	9	4	3	23	12	2	13
7	15	13	15	24	16	3	14
8	8	3	0	25	8	16	18
9	16	14	13	26	15	13	13
10	15	5	2	27	11	14	4
11	16	14	13	28	10	4	5
12	16	6	1	29	8	5	6
13	16	7	0	30	9	14	12
14	15	10	0	31	4	0	3
15	15	11	14	32	3	13	13
16	20	15	15	33	2	0	0
17	15	4	13				

(AK: Amikacina, TOB: Tobramicina, CN: Gentamicina)

Tabella (15): Impatto dell'oxazolidinone sugli isolati purificati di *Nisseria gonorhoea* (mmIZD):

Caso n.	Ossazolidinone	Caso n.	Ossazolidinone
	LZD		LZD
1	0	18	16
2	0	19	16
3	2	20	32
4	1	21	3
5	5	22	2
6	0	23	32
7	0	24	18
8	6	25	1
9	5	26	15
10	3	27	2
11	2	28	2
12	1	29	1
13	0	30	0
14	0	31	3
15	0	32	15
16	30	33	0
17	12		

(LZD: Linezolid)

Tabella (16): Impatto dei sulfamidici sugli isolati purificati di *Nisseria gonorhoea* (mmIZD):

Caso n.	Sulfamidici SXT	Caso n.	Sulfamidici SXT
1	10	18	3
2	14	19	3
3	13	20	17
4	9	21	2
5	9	22	14
6	0	23	1
7	16	24	0
8	0	25	3
9	15	26	5
10	0	27	6
11	0	28	7
12	0	29	8
13	0	30	5
14	0	31	0
15	5	32	0
16	18	33	0
17	4		

(SXT: trimetoprim1,25 pg/sulfametossazolo23,75 pg)

Tabella (17): Impatto della lincosamide sugli isolati purificati di *Nisseria gonorhoea* (mmIZD):

Caso n.	Lincosamide DA	Caso n.	Lincosamide DA
1	0	18	3
2	0	19	4
3	0	20	21
4	2	21	0
5	1	22	0
6	3	23	0
7	0	24	0
8	0	25	16
9	0	26	0
10	0	27	2
11	1	28	1
12	1	29	2
13	2	30	1
14	0	31	0
15	0	32	0
16	21	33	0
17	5		

(DA: Clindamicina)

Tabella (18): Impatto della vancomicina sugli isolati purificati di *Nisseria gonorhoea* (mmIZD):

Caso n.	Vancomicina VA	Caso n.	Vancomicina VA
1	0	18	10
2	0	19	3
3	0	20	17
4	1	21	0
5	2	22	0
6	0	23	0
7	0	24	0
8	2	25	2
9	0	26	3
10	0	27	5
11	0	28	6
12	1	29	4
13	0	30	0
14	3	31	0
15	5	32	0
16	17	33	0
17	15		

(VA: Vancomicina)

Tabella (19): Impatto dei carbapenemi sugli isolati purificati di _Nisseria gonorhoea_ (mmIZD):

Caso n.	Carbapenemi		Caso n.	Carbapenemi	
	IPM	MEM		IPM	MEM
1	22	7	18	45	5
2	10	5	19	46	21
3	7	6	20	38	30
4	6	2	21	21	20
5	38	20	22	7	4
6	5	3	23	5	3
7	3	21	24	45	28
8	2	0	25	44	21
9	13	2	26	45	27
10	40	21	27	22	21
11	5	3	28	38	28
12	6	7	29	10	2
13	3	6	30	37	25
14	41	25	31	3	0
15	39	23	32	36	23
16	44	28	33	2	0
17	21	22			

(IPM: Imipenem, MEM: Meropenem)

Tabella (20): Impatto delle tetracicline sugli isolati purificati di _Nisseria gonorhoea_ (mmIZD):

Caso n.	Tetracicline FARE	Caso n.	Tetracicline FARE
1	5	18	39
2	32	19	38
3	20	20	42
4	33	21	33
5	38	22	39
6	35	23	39
7	36	24	38
8	6	25	34
9	32	26	42
10	10	27	40
11	34	28	43
12	15	29	7
13	37	30	34
14	40	31	6
15	40	32	0
16	41	33	0
17	35		

(DO: Doxiciclina)

Tabella (21): Impatto dei macrolidi sugli isolati purificati di _Nisseria gonorhoea_ (mmIZD):

Caso n.	Macrolidi AZM	Caso n.	Macrolidi AZM
1	10	18	16
2	30	19	3
3	15	20	38
4	9	21	0
5	28	22	30
6	20	23	17
7	25	24	25
8	5	25	5
9	26	26	10
10	2	27	7
11	21	28	19
12	27	29	10
13	14	30	15
14	0	31	0
15	31	32	0
16	32	33	0
17	21		

(AZM: Azitromicina)

Figura (9): Foto dei test di suscettibilità antimicrobica:

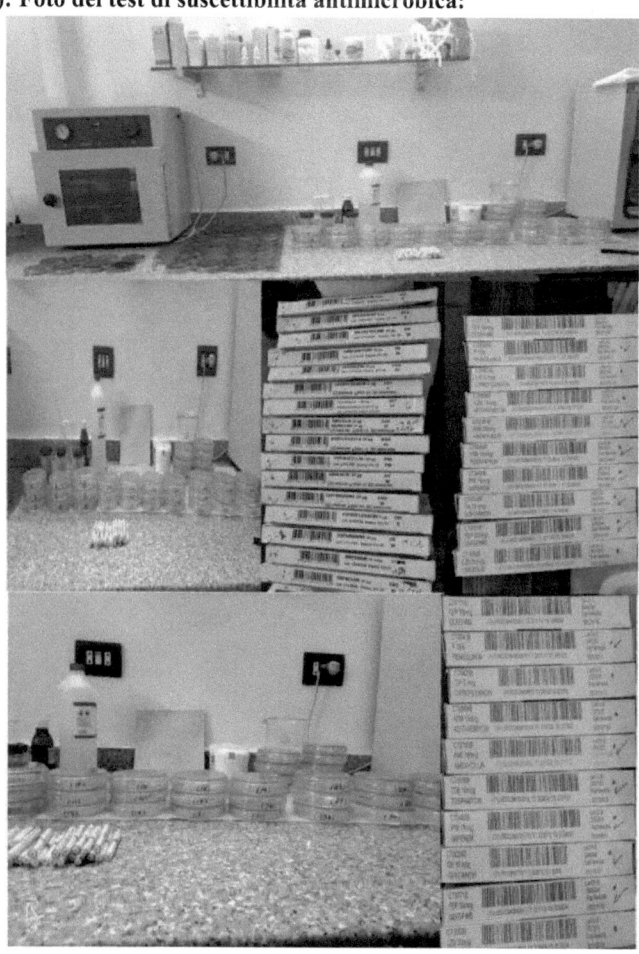

10- Risultati sperimentali mediante studi statistici:

1- Tabella (22): Relazione tra la suscettibilità dei gruppi di antibiotici con l'età, i batteri coinfettanti, compresi i bacilli negativi, i bacilli positivi e i cocci positivi, e l'esame microscopico, compresi i bacilli batterici, le cellule del pus e le cellule RBC:

Correlazioni

		Penicill ins	Ceohal osporin s	Fluroq uinolon es	Amino glicosi des	Oxazol idinone	Sulpho namide s	Lincos amide	Vanco mycin	Carbap enems	Clini di tetracia	Macrol ides
Età	Correlazione Coefficiente	0.296	0.083	0.258	0.149	0.174	0.110	0.227	0.179	0.184	0.309	.411*
	Sig. (a 2 code)	0.094	0.648	0.148	0.406	0.334	0.543	0.204	0.319	0.306	0.080	**0.017**
	N	33	33	33	33	33	33	33	33	33	33	33
B1	Correlazione Coefficiente	-0.142	-0.129	.353*	0.173	0.246	0.117	0.278	0.128	0.087	0.335	0.248
	Sig. (a 2 code)	0.431	0.475	**0.044**	0.336	0.167	0.518	0.117	0.477	0.629	0.057	0.164
	N	33	33	33	33	33	33	33	33	33	33	33
B2	Correlazione Coefficiente	0.016	0.032	-0.161	0.334	-0.160	-0.071	-0.180	-0.014	0.050	0.011	0.075
	Sig. (a 2 code)	0.929	0.859	0.371	0.057	0.372	0.694	0.317	0.940	0.784	0.952	0.677
	N	33	33	33	33	33	33	33	33	33	33	33
Co	Correlazione Coefficiente	0.246	0.073	0.193	-0.076	0.067	0.183	0.055	-0.033	0.079	0.010	0.014
	Sig. (a 2 code)	0.167	0.688	0.281	0.673	0.711	0.309	0.761	0.857	0.663	0.954	0.939
	N	33	33	33	33	33	33	33	33	33	33	33
Pus	Correlazione Coefficiente	0.022	0.079	0.265	0.143	0.184	-0.025	0.007	0.055	0.285	0.303	-0.018
	Sig. (a 2 code)	0.903	0.664	0.136	0.427	0.306	0.888	0.970	0.763	0.108	0.086	0.921
	N	33	33	33	33	33	33	33	33	33	33	33
RBcs	Correlazione Coefficiente	-0.081	-0.034	0.343	-0.132	0.009	-0.094	-0.259	-0.156	0.178	0.135	-0.204
	Sig. (a 2 code)	0.653	0.851	0.051	0.463	0.962	0.601	0.145	0.385	0.321	0.455	0.254
	N	33	33	33	33	33	33	33	33	33	33	33
B.B	Correlazione Coefficiente	0.016	-0.052	0.254	.372*	0.063	0.101	0.205	0.033	0.075	0.271	0.284
	Sig. (a 2 code)	0.931	0.775	0.154	**0.033**	0.729	0.578	0.253	0.857	0.677	0.127	0.109
	N	33	33	33	33	33	33	33	33	33	33	33

*. La correlazione è significativa al livello 0,05 (a 2 code).
(B1: bacilli negativi, B2: bacilli positivi, RBC: globuli rossi. Co: cocci positivi e BB: bacilli batterici).

Non ci sono correlazioni significative tra la suscettibilità dei gruppi di antibiotici e le variabili precedenti; solo i **flurochinoloni** con i bacilli negativi, i **macrolidi** con l'età e infine gli **aminoglicosidi** con i bacilli batterici, tutti hanno correlazioni positive con i valori specifici ombreggiati nella tabella. Questi risultati sono logici perché la nostra tecnica dipende dalla selettività della *Neisseria gonorrhoea* dai campioni di scarico uretrale, per cui le altre variabili sono state trascurate.

2- Tabella (23): Relazione tra la suscettibilità ai farmaci antibiotici e la stessa serie di variabili precedenti:

		Penicillina G	Amoxicillina	Amoxicillina/acido vulanico	Ampicillina10 pg /sulbactam10 pg	pipracillina
Rho dell'uomo lancia	Coefficiente di correlazione con l'età	0.094	0.093	0.094	0.094	0.300
	Sig. (a 2 code)	0.605	0.607	0.605	0.605	0.090

	N	33	33	33	33	33	
	B1 Coefficiente di correlazione	0.023	-0.161	0.023	0.023	-0.146	
	Sig. (a 2 code)	0.898	0.370	0.898	0.898	0.418	
	N	33	33	33	33	33	
	B2 Coefficiente di correlazione	-0.180	-0.125	-0.180	-0.180	0.024	
	Sig. (a 2 code)	0.317	0.488	0.317	0.317	0.893	
	N	33	33	33	33	33	
	Coefficiente di correlazione	0.055	0.219	0.055	0.055	0.250	
	Sig. (a 2 code)	0.761	0.220	0.761	0.761	0.160	
	N	33	33	33	33	33	
	Coefficiente di correlazione Pus	-0.055	-0.038	-0.055	-0.055	0.015	
	Sig. (a 2 code)	0.762	0.833	0.762	0.762	0.934	
	N	33	33	33	33	33	
RBc s	Coefficiente di correlazione	-0.065	0.090	-0.065	-0.065	-0.084	
	Sig. (a 2 code)	0.720	0.617	0.720	0.720	0.641	
	N	33	33	33	33	33	
B.B	Coefficiente di correlazione	-0.055	-0.219	-0.055	-0.055	0.020	
	Sig. (a 2 code)	0.761	0.220	0.761	0.761	0.914	
	N	33	33	33	33	33	

*. La correlazione è significativa al livello 0,05 (a 2 code).
**. La correlazione è significativa al livello 0,01 (a 2 code).

			Cefradina	Cefaclor	Cefoxitina	Ceftriaxone	Cefepime
Rho dell'uomo	Età	Correlazione Coefficiente	0.093	0.150	-0.102	0.023	0.052
		Sig. (a 2 code)	0.607	0.404	0.571	0.900	0.774
		N	33	33	33	33	33
	B1	Correlazione Coefficiente	-0.161	0.034	-0.161	-0.070	-0.132
		Sig. (a 2 code)	0.370	0.852	0.370	0.697	0.464
		N	33	33	33	33	33
	B2	Correlazione Coefficiente	-0.125	-0.262	-0.125	-0.223	0.140
		Sig. (a 2 code)	0.488	0.141	0.488	0.211	0.439
		N	33	33	33	33	33
	Co	Correlazione Coefficiente	0.219	0.080	-0.143	-0.033	0.067
		Sig. (a 2 code)	0.220	0.656	0.429	0.857	0.710
		N	33	33	33	33	33
	Pus	Correlazione Coefficiente	-0.038	-0.010	-0.201	-0.159	0.114
		Sig. (a 2 code)	0.833	0.958	0.263	0.376	0.528
		N	33	33	33	33	33
	RBc s	Correlazione Coefficiente	0.090	0.118	0.090	-0.005	-0.103
		Sig. (a 2 code)	0.617	0.514	0.617	0.978	0.570

	N	33	33	33	33	33	
B.B	Correlazione Coefficiente	-0.219	-0.080	-0.219	-0.170	0.000	
	Sig. (a 2 code)	0.220	0.656	0.220	0.345	1.000	
	N	33	33	33	33	33	

*. La correlazione è significativa al livello 0,05 (a 2 code).
**. La correlazione è significativa al livello 0,01 (a 2 code).

				Ofloxacina	Ciprofloxacina	Levofloxacina
Rho di Spearman	Età	Correlazione Coefficiente		0.203	.361*	.364*
		Sig. (a 2 code)		0.256	**0.039**	**0.037**
		N		33	33	33
	B1	Correlazione Coefficiente		0.304	.371*	.345*
		Sig. (a 2 code)		0.085	**0.033**	**0.049**
		N		33	33	33
	B2	Correlazione Coefficiente		-0.150	-0.125	0.099
		Sig. (a 2 code)		0.403	0.488	0.582
		N		33	33	33
o		Correlazione Coefficiente	0.137		0.145	0.128
		Sig. (a 2 code)	0.446		0.421	0.478
		N	33		33	33
Pus		Correlazione Coefficiente	.365*		0.192	0.239
		Sig. (a 2 code)	**0.037**		0.284	0.180
		N	33		33	33
RBc s		Correlazione Coefficiente	.393*		0.235	0.168
		Sig. (a 2 code)	**0.024**		0.188	0.351
		N	33		33	33
B.B		Correlazione Coefficiente	0.243		0.241	.384*
		Sig. (a 2 code)	0.173		0.176	**0.027**
		N	33		33	33

*. La correlazione è significativa al livello 0,05 (a 2 code).
**. La correlazione è significativa al livello 0,01 (a 2 code).

				Amikacina	Tobramicina	Gentamicina
Rho dell'uomo lancia	Età	Correlazione Coefficiente		.378*	-0.076	0.039
		Sig. (a 2 code)		**0.030**	0.674	0.829
		N		33	33	33
	B1	Correlazione Coefficiente		0.310	-0.007	0.093
		Sig. (a 2 code)		0.079	0.967	0.605
		N		33	33	33
B2		Correlazione Coefficiente	.409*		0.129	0.197
		Sig. (a 2 code)	**0.018**		0.475	0.271
		N	33		33	33
Co		Correlazione Coefficiente	0.043		-0.023	-0.127
		Sig. (a 2 code)	0.812		0.901	0.481
		N	33		33	33
Pus		Correlazione	0.237		-0.017	0.060

		Coefficiente			
		Sig. (a 2 code)	0.184	0.926	0.739
		N	33	33	33
RBcs		Correlazione Coefficiente	-0.084	-0.012	-0.174
		Sig. (a 2 code)	0.643	0.949	0.332
		N	33	33	33
B.B		Correlazione Coefficiente	.445**	0.135	0.222
		Sig. (a 2 code)	0.009	0.452	0.214
		N	33	33	33

*. La correlazione è significativa al livello 0,05 (a 2 code).
**. La correlazione è significativa al livello 0,01 (a 2 code).

			Trimetoprim1,25 pg/sulfametossazolo 23,75 pg	Linezolid	Clindamicina
Rho di Spearman	Età		Correlazione Coefficiente	0.174	0.110	0.227
			Sig. (a 2 code)	0.334	0.543	0.204
			N	33	33	33
	B1		Correlazione Coefficiente	0.246	0.117	0.278
			Sig. (a 2 code)	0.167	0.518	0.117
			N	33	33	33
	B2		Correlazione Coefficiente	-0.160	-0.071	-0.180
			Sig. (a 2 code)	0.372	0.694	0.317
			N	33	33	33
	Co		Correlazione Coefficiente	0.067	0.183	0.055
			Sig. (a 2 code)	0.711	0.309	0.761
			N	33	33	33
	Pus		Correlazione Coefficiente	0.184	-0.025	0.007
			Sig. (a 2 code)	0.306	0.888	0.970
			N	33	33	33
	RBcs		Correlazione Coefficiente	0.009	-0.094	-0.259
			Sig. (a 2 code)	0.962	0.601	0.145
			N	33	33	33
	B.B		Correlazione Coefficiente	0.063	0.101	0.205
			Sig. (a 2 code)	0.729	0.578	0.253
			N	33	33	33

*. La correlazione è significativa al livello 0,05 (a 2 code).
**. La correlazione è significativa al livello 0,01 (a 2 code).

			Vancomicina	Imipenem	Meropenem	Doxiciclina	Azitromicina
Rho di Spearman	Età		Correlazione Coefficiente 0.179	0.101	0.194	0.309	.411*
			Sig. (a 2 code) 0.319	0.577	0.280	0.080	**0.017**
			N 33	33	33	33	33
	B1		Correlazione Coefficiente 0.128	0.032	0.132	0.335	0.248
			Sig. (a 2 code) 0.477	0.861	0.466	0.057	0.164
			N 33	33	33	33	33
	B2		Correlazione Coefficiente -0.014	0.026	0.051	0.011	0.075
			Sig. (a 2 code) 0.940	0.886	0.777	0.952	0.677

		N	33	33	33	33	33
Co	Correlazione Coefficiente	-0.033	0.093	0.018	0.010	0.014
	Sig. (a 2 code)	0.857	0.607	0.922	0.954	0.939
		N	33	33	33	33	33
Pus	Correlazione Coefficiente	0.055	0.220	.345*	0.303	-0.018
	Sig. (a 2 code)	0.763	0.219	**0.049**	0.086	0.921
		N	33	33	33	33	33
RBc s	Correlazione Coefficiente	-0.156	0.187	0.173	0.135	-0.204
	Sig. (a 2 code)	0.385	0.296	0.337	0.455	0.254
		N	33	33	33	33	33
B.B	Correlazione Coefficiente	0.033	0.043	0.071	0.271	0.284
	Sig. (a 2 code)	0.857	0.812	0.696	0.127	0.109
		N	33	33	33	33	33

*. La correlazione è significativa al livello 0,05 (a 2 code).
**. La correlazione è significativa al livello 0,01 (a 2 code).

Dalle correlazioni statistiche registrate risultano correlazioni positive ai valori specifici ombreggiati nella tabella precedente in **ofloxacina** con pus e RBCS; **ciprofloxacina** con età e bacilli negativi; **levofloxacina** con età, bacilli negativi e bacilli batterici; **amikacina** con età, bacilli positivi e bacilli batterici; **meropenem** con cellule del pus infine **azitromicina** con età.

11- Figura (10): Analisi dei cluster:

Dendrogramma utilizzando il collegamento medio (all'interno dei gruppi)

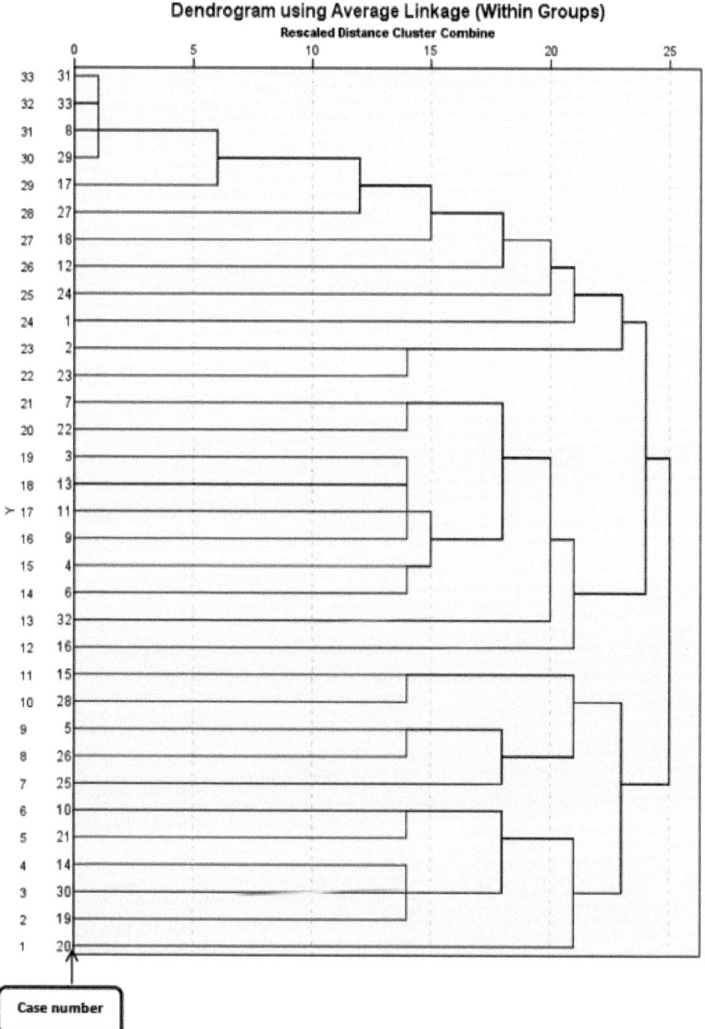

Secondo i nostri studi statistici si distinguono due gruppi:
1- Gruppo A: gruppo più resistente, Tabella (24).
2- Gruppo B: gruppo meno resistente, Tabella (25).
- L'esame dettagliato dei risultati di ciascun gruppo è stato effettuato in base all'età, ai batteri coinfettanti, compresi bacilli negativi, bacilli positivi e cocci positivi, e all'esame microscopico, compresi bacilli batterici, cellule Pus e cellule RBC:

Tabella (24):

Casi del gruppo A	16	32	40	0>	20	20	22	23	24	24	12	18	27	17	29	33	20	20
Età Y	34	22	43	21	24	23	37	26	30	40	31	35	38	34	57	33	52	38	22	22	18	21
-ve B	-	-	+	-	+	+	-	-	+	+	-	-	-	-	+	+	+	+	+	-	-	-
+ve B	-	-	-	-	-	+	-	+	-	-	+	+	-	+	-	-	+	-	-	-	-	-
+ve Co	+	-	+	-	-	-	-	+	-	+	-	+	+	+	-	+	+	-	-	-	+	-
Pus	5-7	5-7	4-6	4-6	4-6	25-30	5-7	0 (N CO T-1	cn	6-8	6-8	4-6	4-6	6-8	4-6	5-7	0 (N CO T-1	8-10	4-6	cn	4-6	4-6
Rbc s	1-2	1-2	1-2	1-2	0-1	4-6	0-1	co	0-1	1-2	0-1	0-1	0-1	0-1	0-1	1-2	2-3	0-1	0-1	1-2	0-1	1-2
BB	-	-	+	+	+	-	+	+	+	+	+	+	+	+	+	+	+	+	-	-	-	-

(-ve B: bacilli negativi, +ve B: bacilli positivi, +ve Co: cocci positivi, Pus: cellule del pus; RBC: globuli rossi; B.B: bacilli batterici; H.P.F: campo ad alta potenza)

Tabella (25):

Casi del gruppo B	Caso n. 15	Caso n. 28	Caso n. 5	Caso n. 26	Caso n. 25	Caso n.10	Caso n. 21	Caso n. 14	Caso n. 30	Caso n. 19	Caso n. 20
Età Y	33	36	24	29	22	28	22	41	20	31	32
-ve B	-	-	-	+	-	-	+	+	-	+	+
+ve B	+	-	-	+	-	+	+	-	-	-	-
+ve Co	-	+	-	-	+	-	-	-	+	-
Pus	5-7	4-6	4-6	12-15	4-6	8-10	6-8	8-10	7-9	8-10	5-7
Rbcs	1-2	1-2	1-2	2-3	0-1	1-2	0-1	2-3	0-1	2-3	0-1
BB	+	-	-	+	+	-	+	+	-	+	+

(-ve B: bacilli negativi, +ve B: bacilli positivi, +ve Co: cocci positivi, Pus: cellule del pus; RBC: globuli rossi; B.B: bacilli batterici; H.P.F: campo ad alta potenza)

12- Impatto degli antibiotici sul totale dei casi o su gruppi separati: Risultati statistici di screening delle frequenze e delle percentuali di casi sensibili, moderati o resistenti con ogni singolo antibiotico:

1- Tabella (26): Risultati statistici dello screening delle frequenze e delle percentuali di casi sensibili, moderati e resistenti alle penicilline:

Penicilline	Gruppo A		GruppoB		Totale	
	Frequenza	%	Frequenza	%	Frequenza	%
PG: Sensibile Resistenza moderata	1 - 21	4.5 95.5	1 - 10	9.1 90.9	2 - 31	6.1 93.9
Classifica media	17.25		16.50			
Mann- Test di Whitney	(Z = 0.508) , Sig. = 0.611 , (N.S, P> 0.05)					
AML: Sensibile Resistenza moderata	1 - 21	4.5 95.5	- - 11	- - 100	1 - 32	3 - 97
Classifica media	16.75		17.50			
Mann- Test di Whitney	(Z = 0.707) , Sig. = 0.480 , (N.S, P> 0.05)					
AMC: Sensibile Resistenza moderata	1 - 21	4.5 95.5	1 - 10	9.1 90.9	2 - 31	6.1 93.9
Classifica media	17.25		16.50			
Mann- Test di Whitney	(Z = 0.508) , Sig. = 0.611 , (N.S, P> 0.05)					
SAM: Sensibile Resistenza Moderata	1 - 21	4.5 95.5	1 - 10	9.1 90.9	2 - 31	6.1 93.9
Classifica media	17.25		16.50			
Mann- Test di Whitney	(Z = 0.508) , Sig. = 0.611 , (N.S, P> 0.05)					
PRL: Sensibille Resistenza moderata	2 4 16	9.1 18.2 72.7	2 3 6	18.2 27.3 54.5	4 7 22	12.1 21.2 66.7
Classifica media	18.05		14.91			
Mann- Test di Whitney	(Z = 1.055) , Sig. = 0.291 , (N.S, P> 0.05)					

(PG: Penicillina G , AML: Amoxicillina, AMC: Amoxicillina/clavulanico, SAM: AmpicillinIO Lig /sulbactamIO ^g, PRL: pipracillina).

2- Tabella (27): Risultati statistici dello screening delle frequenze e delle percentuali di casi sensibili, moderati e resistenti alle cefalosporine:

Cefalosporine	Gruppo 1		Gruppo2		Totale	
	Frequenza	%	Frequenza	%	Frequenza	%
CE: Sensibile Resistenza moderata	1 - 21	4.5 95.5	- - 11	- - 100	1 - 32	3 - 97
Classifica media	16.75		17.50			
Mann-Whitney Test	(Z = 0,707) , Sig. = 0,480 (N.S, P> 0,05)					
CEC: Sensibile	1 1	4.5	1	9.1	2	6.1

Resistenza moderata	20	4.5 90.9	1 9	9.1 81.8	2 29	6.1 87.9
Classifica media	17.5		16.0			
Mann-Whitney Test	(Z = 0,741) , Sig. = 0,459 (N.S, P> 0,05)					
FOX: Sensibile Resistenza moderata	- 22	- - 100	- 1 10	- 9.1 90.9	- 1 32	- 3 97
Classifica media	17.5		16.0			
Mann-Whitney Test	(Z = 1,414) , Sig. = 0,157 (N.S, P> 0,05)					
CRO: Sensibile Resistenza moderata	1 - 21	4.5 95.5	1 1 9	9.1 9.1 81.8	2 1 30	6.1 3 90.9
Classifica media	17.73		15.55			
Mann-Whitney Test	(Z = 1,225) , Sig. = 0,220 (N.S, P> 0,05)					
FEP: Sensibile Resistenza moderata	5 3 14	22.7 13.6 63.6	9 2 -	81.8 18.2 -	14 5 14	42.4 15.2 42.4
Classifica media	20.89		9.23			
Mann-Whitney Test	(Z = 3.553) , Sig.	= 0.000 , (Sig a 0.01, P< 0.01)				

(CE: Cefradina, CEC: Cefaclor, FOX: Cefoxitina, CRO: Ceftriaxone, FEP: Cefepime).

3- **Tabella (28): Risultati statistici dello screening delle frequenze e delle percentuali di casi sensibili, moderati e resistenti ai fluorochinoloni:**

Fluoroqinuloni:	Gruppo 1		Gruppo2		Totale	
	Frequenza	%	Frequenza	%	Frequenza	%
OFX: Sensibile Resistenza moderata	12 2 8	54.5 9.1 36.4	10 1 -	90.9 9.1 -	22 3 8	66.7 9.1 24.2
Classifica media	19.18		12.64			
Mann-Whitney Test	(Z = 2.208) , Sig. = 0.027 , (Sig a 0.05,P< 0.05)					
CIP: Sensibile Resistenza moderata	14 3 5	63.6 13.6 22.7	9 2 0	81.8 18.2 -	23 5 5	69.7 15.2 15.2
Classifica media	18.23		14.55			
Mann-Whitney Test	(Z = 1.274) , Sig. = 0.203 , (N.S, P> 0.05)					
LEV: Sensibile Resistenza moderata	15 2 5	68.2 9.1 22.7	11 -	100 - -	26 2 5	78.8 6.1 15.2
Classifica media	18.75		13.50			
Mann-Whitney Test	(Z = 2,064) , Sig. = 0,05 ,		JSig a 0.05,P<0.05)			

(OFX: ofloxacina , CIP: ciprofloxacina , LEV: levofloxaico)

4- **Tabella (29): Risultati statistici dello screening delle frequenze e delle percentuali di casi sensibili, moderati e resistenti agli aminoglicosidi:**

Aminoglicosidi:	Gruppo 1		Gruppo2		Totale	
	Frequenza	%	Frequenza	%	Frequenza	%
AK: Sensibile	3	13.6	1	9.1	4	12.1
	9	40.9	7	63.6	16	48.5
Resistenza moderata	10	45.5	3	27.3	13	39.4
Classifica media	17.73		15.55			
Mann-Whitney Test	(Z = 0,673) , Sig. = 0,501 , (N.S, P> 0,05)					
TOB: Sensibile Moderato	2	9.1	1	9.1	3	9.1
	7	31.8	3	27.3	10	30.3
Resistenza	13	59.1	7	63.6	20	60.6
Classifica media	16.77		17.45			
Mann-Whitney Test	(Z = 0,221) , Sig. = 0,825 , (N.S, P> 0,05)					
CN: Sensibile Resistenza moderata	3	13.6	3	27.3	6	18.2
	9	40.9	3	27.3	12	36.4
	10	45.5	5	45.5	15	45.5
Classifica media	17.41		16.18			
Mann-Whitney Test	(Z = 0.372) , Sig. = 0.710 , (N.S, P> 0.05)					

(AK: Amikacina , TOB: Tobramicina, CN: Gentamicina)

5- **Tabella (30): Risultati statistici dello screening delle frequenze e delle percentuali di casi sensibili, moderati e di resistenza con Oxazolidinone:**

Ossazolidinone:	Gruppo 1		Gruppo2		Totale	
	Frequenza	%	Frequenza	%	Frequenza	%
LZD:						
Sensibile	1	4.5	1	9.1	2	6.1
Moderato	5	22.7	2	18.2	7	21.2
Resistenza	16	72.7	8	72.7	24	72.7
Classifica media	17.07		16.86			
Mann-Whitney Test	(Z = 0.074) Sig. = 0,941 , (N.S, P> 0,05))					

(LZD: Linezolid)

6- **Tabella (31): Risultati statistici dello screening delle frequenze e delle percentuali di casi sensibili, moderati e resistenti ai sulfamidici:**

Sulfamidici:	Gruppo 1		Gruppo2		Totale	
	Frequenza	%	Frequenza	%	Frequenza	%
SXT: Sensibile	1	4.5	1	9.1	2	6.1
Moderato	5	22.7	-	-	5	15.2
Resistenza	16	72.7	10	90.9	26	78.8
Classifica media	16.11		18.77			
Mann-Test di Whitney	(Z = 1.045) , Sig. = 0.296 , (N.S, P> 0.05)					

(SXT: trimetoprim1,25 pg/sulfametossazolo23,75 pg)

7- **Tabella (32): Risultati statistici dello screening delle frequenze e delle percentuali di casi sensibili, moderati e resistenti alla lincosamide:**

Lincosamide:	Gruppo 1		Gruppo2		Totale	
	Frequenza	%	Frequenza	%	Frequenza	%

DA: Sensibile Resistenza moderata	1 - 21	4.5 - 95.5	1 - 10	9.1 - 90.9	2 - 31	6.1 - 93.9	
Classifica media	17.25		16.50				
Mann-Test di Whitney	(Z = 0.508) , Sig. = 0.611 , (N.S, P> 0.05)						

(DA: Clindamicina)

8- **Tabella (33): Risultati statistici dello screening delle frequenze e delle percentuali di casi sensibili, moderati e resistenti alla Vancomicina:**

Vancomicina:	Gruppo 1		Gruppo2		Totale	
	Frequenza	%	Frequenza	%	Frequenza	%
VA: Sensibile Resistenza moderata	1 1 20	4.5 4.5 90.9	1 - 10	9.1 - 90.9	2 1 30	6.1 3 90.9
Classifica media	17.02		16.95			
Mann-Test di Whitney	(Z = 0.038) , Sig. = 0.969 , (N.S, P> 0.05)					

(VA: Vancomicina)

9- **Tabella (34): Risultati statistici dello screening delle frequenze e delle percentuali di casi sensibili, moderati e resistenti ai carbapenemi:**

Carbapenemi:	Gruppo 1		Gruppo2		Totale	
	Frequenza	%	Frequenza	%	Frequenza	%
IPM:						
Sensibile	4	18.2	10	90.9	14	42.4
Moderato	3	13.6	1	9.1	4	12.1
Resistenza	15	68.2	-	-	15	45.5
Classifica media	21.34		8.32			
Mann-Test di Whitney	(Z = 4.006) , Sig. = 0.000 , (Sig a 0.01, P< 0.01)					
MEM: Sensibile	2	9.1	6	54.5	8	42.2
Moderato	4	18.2	5	45.5	9	27.3
Resistenza	16	72.7	-	-	16	48.5
Classifica media	21.32		8.36			
Mann-Test di Whitney	(Z = 3.930) , Sig. = 0.000, (Sig a 0.01,P< 0.01)					

(IPM: Imipenem, MEM: Meropenem)

10- **Tabella (35): Risultati statistici dello screening delle frequenze e delle percentuali di casi sensibili, moderati e resistenti alle tetracicline:**

Tetracicline:	Gruppo 1		Gruppo2		Totale	
	Frequenza	%	Frequenza	%	Frequenza	%
DO:						
Sensibile	6	27.3	8	72.7	14	42.4
Moderato	8	36.4	2	18.2	10	30.3
Resistenza	8	36.4	1	9.1	9	27.3
Classifica media	19.68		11.64			

Mann-Test di Whitney	(Z = 2.407) , Sig. = 0. 016 , (Sig a 0.05, P< 0.05)	

(DO: Doxiciclina)

11- Tabella (36): Risultati statistici dello screening delle frequenze e delle percentuali di casi sensibili, moderati e resistenti ai macrolidi:

Macrolidi:	Gruppo 1		Gruppo2		Totale	
	Frequenza	%	Frequenza	%	Frequenza	%
AZM:						
Sensibile	7	31.8	3	27.3	10	30.3
Moderato	7	31.8	3	27.3	10	30.3
Resistenza	8	36.4	5	45.5	13	39.4
Classifica media	16.50			18.00		
Mann-Whitney Test	(Z = 0,447) , Sig. = 0,655 , (N.S, P> 0,05)					

(AZM: Azitromicina)

13- Il test di Mann-Whitney ha mostrato differenze significative in sei item:

In base ai nostri risultati e al test di Mann-Whitney, che è un'equazione statistica significativa, abbiamo riscontrato differenze significative in questi sei item:

13. a- Tabella (37): Riepilogo dell'elaborazione dei casi

	Casi					
	Valido		Mancante		Totale	
	N	Per cent	N	Per cent	N	Per cent
Cefepime	33	100.0%	0	0.0%	33	100.0%
Ofloxacina	33	100.0%	0	0.0%	33	100.0%
Levofloxacina	33	100.0%	0	0.0%	33	100.0%
Imipenem	33	100.0%	0	0.0%	33	100.0%
Meropenem	33	100.0%	0	0.0%	33	100.0%
Doxiclina	33	100.0%	0	0.0%	33	100.0%

1- Tabella (38): Tabulazione incrociata della cefepime

Cefepime	Grp.		Totale
	A	B	Totale
Conteggio R	14	0	14
% all'interno del grp1	63.6%	0.0%	42.4%
% del totale	42.4%	0.0%	42.4%
Conteggio M	3	2	5
% all'interno del grp1	13.6%	18.2%	15.2%
% del totale	9.1%	6.1%	15.2%
Conteggio S	5	9	14
% all'interno del grp1	22.7%	81.8%	42.4%
% del totale	15.2%	27.3%	42.4%
Conteggio totale	22	11	33
% all'interno del grp1	100.0%	100.0%	100.0%
% del totale	66.7%	33.3%	100.0%

2- **Tabella (39): Tabulazione incrociata dell'ofloxacina**

Ofloxacina	A	B	Totale
Conteggio R		8	08
% all'interno del grpl	36.4%	0.0%	24.2%
% del totale	24.2%	0.0%	24.2%
Conteggio M		2	13
% all'interno del grpl	9.1%	9.1%	9.1%
% del totale	6.1%	3.0%	9.1%
Conteggio S		12	1022
% all'interno del grpl	54.5%	90.9%	66.7%
% del totale	36.4%	30.3%	66.7%
Conteggio totale		22	1133
% all'interno del grpl	100.0%	100.0%	100.0%
% del totale	66.7%	33.3%	100.0%

3- **Tabella (40): Tabulazione incrociata di levofloxacina:**

Levofloxacina	A	B	Totale
Conteggio R		5	05
% all'interno del grpl	22.7%	0.0%	15.2%
% del totale	15.2%	0.0%	15.2%
Conteggio M		2	02
% all'interno del grpl	9.1%	0.0%	6.1%
% del totale	6.1%	0.0%	6.1%
Conteggio S		15	1126
% all'interno del grpl	68.2%	100.0%	78.8%
% del totale	45.5%	33.3%	78.8%
Conteggio totale		22	1133
% all'interno del grpl	100.0%	100.0%	100.0%
% del totale	66.7%	33.3%	100.0%

4- **Tabella (41): Tabulazione incrociata dell'imipenem:**

Imipenem	A	B	Totale
Conteggio R	15	0	15
% all'interno del grpl	68.2%	0.0%	45.5%
% del totale	45.5%	0.0%	45.5%
Conteggio M	3	1	4
% all'interno del grpl	13.6%	9.1%	12.1%
% del totale	9.1%	3.0%	12.1%
Conteggio S	4	10	14
% all'interno del grpl	18.2%	90.9%	42.4%
% del totale	12.1%	30.3%	42.4%
Conteggio totale	22	11	33
% all'interno del grpl	100.0%	100.0%	100.0%
% del totale	66.7%	33.3%	100.0%

5- **Tabella (42): Tabulazione incrociata del Meropenem:**

Meropenem	A	B	Totale
Conteggio R	16	0	16

% all'interno del grp1	72.7%	0.0%	48.5%
% del totale	48.5%	0.0%	48.5%
Conteggio M	4	5	9
% all'interno del grp1	18.2%	45.5%	27.3%
% del totale	12.1%	15.2%	27.3%
Conteggio S	2	6	8
% all'interno del grp1	9.1%	54.5%	24.2%
% del totale	6.1%	18.2%	24.2%
Conteggio totale	22	11	33
% all'interno del grp1	100.0%	100.0%	100.0%
% del totale	66.7%	33.3%	100.0%

6- Tabella (43): Tabulazione incrociata della doxiciclina:

Doxiciclina	A	B	Totale
Conteggio R	8	1	9
% all'interno del grp1	36.4%	9.1%	27.3%
% del totale	24.2%	3.0%	27.3%
Conteggio M	8	2	10
% all'interno del grp1	36.4%	18.2%	30.3%
% del totale	24.2%	6.1%	30.3%
Conteggio S	6	8	14
% all'interno del grp1	27.3%	72.7%	42.4%
% del totale	18.2%	24.2%	42.4%
Conteggio totale	22	11	33
% all'interno del grp1	100.0%	100.0%	100.0%
% del totale	66.7%	33.3%	100.0%

13. b- Secondo i nostri studi statistici, c'è una direzione distintiva di suscettibilità tra questi due gruppi:

Globalmente, quasi tutti i casi del gruppo (A) sono significativamente resistenti a questi sei farmaci antibiotici rispetto a quelli del gruppo (B); d'altro canto, quasi tutti i casi del gruppo (B) sono risultati significativamente sensibili a questi sei farmaci antibiotici rispetto al gruppo (A), con i seguenti dettagli:

In cefepime 63,6% resistente nel gruppo A contro lo 0% nel gruppo B, d'altra parte, allo stesso antibiotico 81,8% suscettibile nel gruppo B contro il 22,7% nel gruppo A; **in ofloxacina** 36,4% resistente nel gruppo A contro lo 0% nel gruppo B, d'altra parte la suscettibilità è 90,9% nel gruppo B contro il 54,5% nel gruppo A; **in levofloxacina** 22,7% resistente nel gruppo A contro lo 0% nel gruppo B, d'altra parte la suscettibilità nel gruppo B è 100% contro 68.2% nel gruppo A; l'**imipenem** è resistente al 68,2% nel gruppo A contro lo 0% nel gruppo B, mentre la percentuale di suscettibilità è del 90,9% nel gruppo B contro il 18,2% nel gruppo A; **il meropenem** è resistente al 72,7% nel gruppo A contro lo 0% nel gruppo B, mentre la suscettibilità nel gruppo B è del 54,5% contro il 9,1% nel gruppo A; **infine la doxiciclina** è resistente al 36,4% nel gruppo A contro il 9,1% nel gruppo B, mentre la percentuale di suscettibilità è del 72,7% nel gruppo B contro il 27,3% nel gruppo A.

Il diagramma mostra la direzione di suscettibilità dei due gruppi individuati per questi sei antibiotici:

Figura (11):

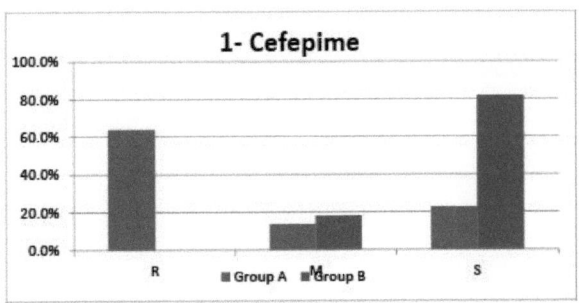

(R: resistant; M: moderate; S: sensitive)

Figura (12):

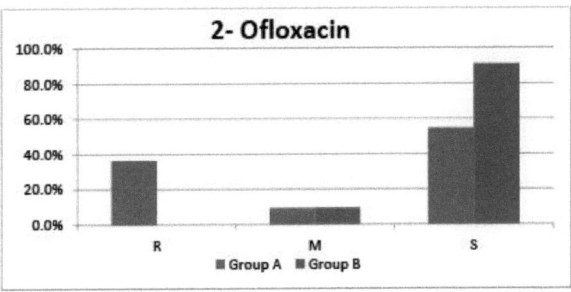

Figura (13):

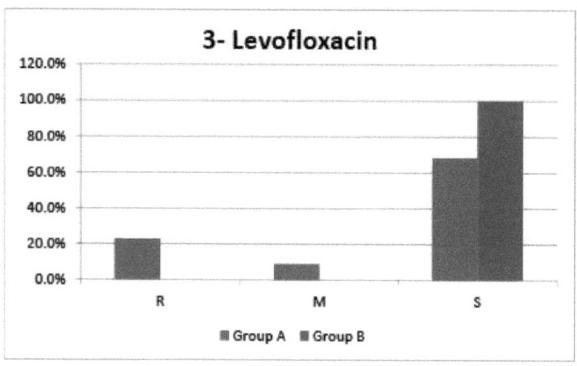

(R: resistant; M: moderate; S: sensitive)

Figura (14):

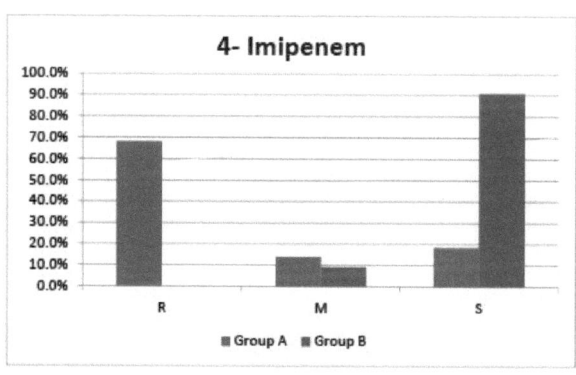

Figura (15):

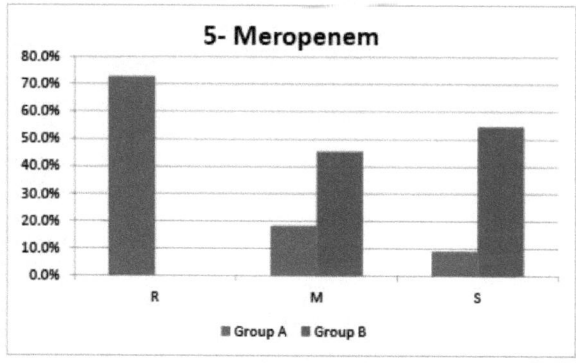

(R: resistant; M: moderate; S: sensitive)

Figura (16):

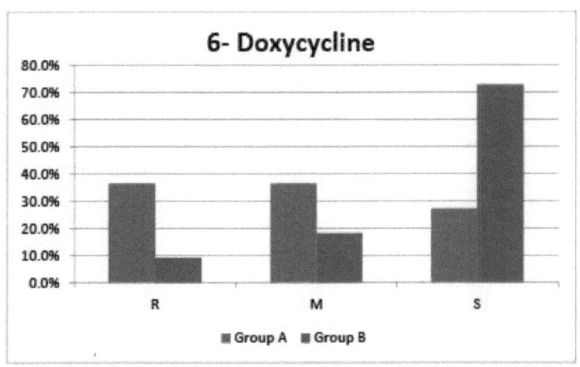

7- Tabella (44): Relazione tra la suscettibilità dei gruppi di antibiotici e l'età; batteri coinfettanti inclusi bacilli negativi, bacilli positivi e cocci positivi; esame microscopico, compresi bacilli batterici, cellule Pus e cellule RBC per ogni singolo gruppo:

Correlazioni[a]

Rho di Spearman

		Penici llins	Sporine Ceohalo	Fluroq uinolo nes	Fianchi di Amin oglyco	Oxazo lidino ne	Sulph onami des	Lincos amide	Vanc omyc in	Carba penem s	Tetraciclina s	Macro lidi
Gruppo A	Coefficiente di correlazione con l'età	0.359	0.257	0.412	0.324	0.152	0.052	0.327	0.158	0.410	0.402	.525*
	Sig. (a 2 code)	0.101	0.248	0.057	0.141	0.501	0.817	0.137	0.482	0.058	0.064	0.012
	N	22	22	22	22	22	22	22	22	22	22	22
B1	Coefficiente di correlazione	0.000	-0.114		0.206	0.028	0.028	0.239	0.014	0.226	.459*	.496
				.530*								
	Sig. (a 2 code)	1.000	0.614	0.011	0.357	0.902	0.902	0.284	0.949	0.312	0.032	0.019
	N	22	22	22	22	22	22	22	22	22	22	22
B2	Coefficiente di correlazione	0.093	0.045	-0.106	0.354	-0.155	0.062	-0.134	0.145	-0.103	-0.051	0.281
	Sig. (a 2 code)	0.682	0.841	0.638	0.106	0.491	0.784	0.553	0.519	0.649	0.821	0.204
	N	22	22	22	22	22	22	22	22	22	22	22
	Coefficiente di correlazione	0.295	0.333	0.269	0.162	0.083	0.278	0.239	0.043	0.418	0.214	0.160
	Sig. (a 2 code)	0.183	0.130	0.226	0.471	0.713	0.211	0.284	0.848	0.053	0.339	0.476
	N	22	22	22	22	22	22	22	22	22	22	22
	Coefficiente di correlazione Pus	0.179	0.104	0.346	0.300	0.230	0.087	0.125	0.185	0.271	0.367	0.107
	Sig. (a 2 code)	0.426	0.644	0.115	0.175	0.303	0.699	0.579	0.409	0.223	0.093	0.636
	N	22	22	22	22	22	22	22	22	22	22	22

RBc s	Coefficiente di correlazione	0.000	-0.117	0.301	-0.101	-0.056	0.053	-0.208	0.029	0.131	-0.005	-0.259
	Sig. (a 2 code)	0.999	0.604	0.174	0.654	0.804	0.816		0.353	0.897	0.562	0.981	0.245
	N	22	22	22	22	22	22	22	22	22	22	22
B.B	Coefficiente di correlazione	0.065	0.008	.465*	0.381	-0.141	0.056	0.182	0.073	0.161	0.387	.518*
	Sig. (a 2 code)	0.773	0.971	**0.029**	0.081	0.533	0.804	0.419	0.747	0.474	0.075	**0.014**
	N	22	22	22	22	22	22	22	22	22	22	22

*. La correlazione è significativa al livello 0,05 (a 2 code).

Non ci sono correlazioni significative tra la suscettibilità dei gruppi di antibiotici e le variabili precedenti; solo i **macrolidi** con l'età, i bacilli negativi e i bacilli batterici; i **flourochinoloni** con i bacilli negativi e i bacilli batterici; infine le **tetracicline** con i bacilli negativi; tutti questi hanno correlazioni positive con i valori specifici ombreggiati nella tabella precedente.

Correlazioni[a]

Gruppo B

		Penicillins	CeohalosporinoloG	FluroQuinolo	Aminoglyc insoni	Oxazolidino	Zolfo onami dese	Linco samidens	Vancomycin ems	Carbapenes	Tetracicli	Macrolidi
Rho di Spearman	Age Coefficiente Correlatio n	0.3440	0.0230	-0.081	0.3230	0.2090	0.2000	0.2000	0.2000	0.5490	0.480	0.1663
	Sig. (2-coda)	0.300	0.946	0.813	0.332	0.537	0.555	0.555	0.555	0.080	0.13	0.6263
	N	11	11	11	11	11	11	11	11	11	11	11
	B1 Coefficiente Correlazione	-0.318 n	-0.110	-0.086	0.090	.663*	0.346	0.346	0.346	0.000	0.18	-0.2474
	Sig. (2-coda)	0.340	0.747	0.802	0.793	**0.026**	0.297	0.297	0.297	1.000	0.58	0.4648
	N	11	11	11	11	11	11	11	11	11	11	11
	B2 Coefficiente Correlazione	-0.223 n	-0.514	-0.514	0.269	-0.184	-0.289	-0.289	-0.289	0.000	0.18	--0.2474
	Sig. (2-coda)	0.510	0.106	0.106	0.424	0.588	0.389	0.389	0.389	1.000	0.58	0.4648
	N	11	11	11	11	11	11	11	11	11	11	11
Co	Coefficiente di correlazione	0.249	-0.123	0.287	-.669*	0.041	-0.194	-0.194	-0.194	0.181	0.16	-0.3455
	Sig. (a 2 code)	0.460	0.718	0.392	**0.024**	0.904	0.568	0.568	0.568	0.594	0.62	0.2988
	N	11	11	11	11	11	11	11	11	11	11	11
Pus	Coefficiente di correlazione	-0.281	-0.554	-0.261	-0.240	0.201	-0.204	-0.204	-0.204	0.286	0.14	-0.0692
	Sig. (a 2 code)	0.403	0.077	0.438	0.477	0.553	0.548	0.548	0.548	0.395	0.67	0.8397
	N	11	11	11	11	11	11	11	11	11	11	11
RBcs	Coefficiente di correlazione	-0.364	-0.429	0.264	-0.344	0.212	-0.371	-0.371	-0.371	0.202	0.390	-0.139
	Sig. (a 2 code)	0.272	0.188	0.432	0.300	0.531	0.262	0.262	0.262	0.550	0.23	0.6835
	N	11	11	11	11	11	11	11	11	11	11	11
B.B	Coefficiente	-0.066	-0.190	-0.355	0.371	0.458	0.239	0.239	0.239	0.000	0.03	-0.192

	Sig. (a 2 code)	0.847	0.576	0.285	0.261	0.157	0.479	0.479	0.479	1.000	0.91	0.572
	N	11	11	11	11	11	11	11	11	11	11	11

*. La correlazione è significativa al livello 0,05 (a 2 code).

Nel gruppo B ci sono solo due correlazioni positive nell'**oxazolidinone** con i bacilli negativi e negli **aminoglicosidi** con i cocci positivi ai valori specifici ombreggiati nella tabella precedente, quindi queste correlazioni non sono considerevoli.

8- Tabella (45): Relazione tra la suscettibilità ai singoli farmaci antibiotici con la stessa serie di variabili precedenti per ogni singolo gruppo:

	Gruppo A		Penicillin G	Amoxicillina	Amoxicillina/acido clavico	Ampicillina10 pg /sulbactam10 pg	pipracillina
Rho di Spearman	Età	Coefficiente di correlazione	0.052	0.052			0.361
		Sig. (a 2 code)	0.819	0.819	0.819	0.819	0.098
		N	22	22		22 22	22
	B1	Coefficiente di correlazione	-0.199	-0.199	-0.199	-0.199	0.000
		Sig. (a 2 code)	0.374	0.374	0.374	0.374	1.000
		N	22	22		22 22	22
	B2	Coefficiente di correlazione	-0.134	-0.134	-0.134	-0.134	0.103
		Sig. (a 2 code)	0.553	0.553	0.553	0.553	0.648
		N	22	22		22 22	22
	Co	Coefficiente di correlazione	0.239	0.239	0.239	0.239	0.295
		Sig. (a 2 code)	0.284	0.284	0.284	0.284	0.183
		N	22	22		22 22	22
	Pus	Coefficiente di correlazione	0.000	0.000	0.000	0.000	0.174
		Sig. (a 2 code)	1.000	1.000	1.000	1.000	0.439
		N	22	22		22 22	22
	RBc s	Coefficiente di correlazione	0.151	0.151	0.151	0.151	-0.007
		Sig. (a 2 code)	0.502	0.502	0.502	0.502	0.975
		N	22	22		22 22	22
	B.B	Coefficiente di correlazione	-0.262	-0.262	-0.262	-0.262	0.075
		Sig. (a 2 code)	0.238	0.238	0.238	0.238	0.741
		N	22	22		22 22	22

1 . La correlazione è significativa al livello 0,05 (a 2 code).
2 *. La correlazione è significativa al livello 0,01 (a 2 code).
Rho di Spearman

Gruppo A		Cefradina	Cefaclor	Cefoxitina	Ceftriaxone	Cefepime
Età	Coefficiente di correlazione	0.052	0.241		0.052	0.166
	Sig. (a 2 code)	0.819	0.279		0.819	0.461
	N	22	22	22	22	22
B1	Coefficiente di correlazione	-0.199	0.014		-0.199	-0.177
	Sig. (a 2 code)	0.374	0.949		0.374	0.431
	N	22	22	22	22	22
B2	Coefficiente di correlazione	-0.134	-0.193		-0.134	0.104
	Sig. (a 2 code)	0.553	0.388		0.553	0.646
	N	22	22	22	22	22

Co	Coefficiente di correlazione	0.239	0.346		0.239	0.244
	Sig. (a 2 code)	0.284	0.115		0.284	0.273
	N	22	22	22	22	22
Pus	Coefficiente di correlazione	0.000	0.223		0.000	0.003
	Sig. (a 2 code)	1.000	0.319		1.000	0.990
	N	22	22	22	22	22
RBcs	Coefficiente di correlazione	0.151	0.336		0.151	-0.241
	Sig. (a 2 code)	0.502	0.126		0.502	0.280
	N	22	22	22	22	22
B.B	Coefficiente di correlazione	-0.262	-0.073		-0.262	-0.026
	Sig. (a 2 code)	0.238	0.747		0.238	0.910
	N	22	22	22	22	22

*. La correlazione è significativa al livello 0,05 (a 2 code).
**. La correlazione è significativa al livello 0,01 (a 2 code).

Rho di Spearman

Gruppo A		Ofloxacina	Ciprofloxacina	Levofloxacina
Età	Correlazione Coefficiente	0.281	.505*	.529*
	Sig. (a 2 code)	0.206	0.017	0.011
	N	22	22	22
B1	Correlazione Coefficiente	.502*	.531*	.465*
	Sig. (a 2 code)	0.017	0.011	0.029
	N	22	22	22
B2	Correlazione Coefficiente	-0.235	-0.028	0.079
	Sig. (a 2 code)	0.292	0.901	0.728
	N	22	22	22
Co	Correlazione Coefficiente	0.227	0.177	0.255
	Sig. (a 2 code)	0.311	0.431	0.253
	N	22	22	22
Pus	Correlazione Coefficiente	0.422	0.297	0.220
	Sig. (a 2 code)	0.051	0.180	0.325
	N	22	22	22
RBcs	Correlazione Coefficiente	0.367	0.186	0.123
	Sig. (a 2 code)	0.093	0.408	0.584
	N	22	22	22
B.B	Correlazione Coefficiente	0.361	.452*	.507*
	Sig. (a 2 code)	0.099	**0.035**	**0.016**
	N	22	22	22

*. La correlazione è significativa al livello 0,05 (a 2 code).
**. La correlazione è significativa al livello 0,01 (a 2 code).

Rho di Spearman

Gruppo A		Amikacina	Tobramicina	Gentamicina
Età	Correlazione Coefficiente	0.413	0.104	0.177
	Sig. (a 2 code)	0.056	0.646	0.429
	N	22	22	22
B1	Correlazione	0.197	0.157	0.142

		Coefficiente			
		Sig. (a 2 code)	0.380	0.487	0.530
		N	22	22	22
B2		Correlazione Coefficiente	.580**	0.138	0.141
		Sig. (a 2 code)	0.005	0.540	0.532
		N	22	22	22
Co		Correlazione Coefficiente	0.142	0.157	0.142
		Sig. (a 2 code)	0.530	0.487	0.530
		N	22	22	22
	Pus	Correlazione Coefficiente	0.167	0.164	0.366
		Sig. (a 2 code)	0.458	0.465	0.094
		N	22	22	22
	RBcs	Correlazione Coefficiente	-0.263	0.104	-0.063
		Sig. (a 2 code)	0.237	0.645	0.779
		N	22	22	22
	B.B	Correlazione Coefficiente	.462*	0.267	0.159
		Sig. (a 2 code)	0.030	0.230	0.479
		N	22	22	22

*. La correlazione è significativa al livello 0,05 (a 2 code).
**. La correlazione è significativa al livello 0,01 (a 2 code).

		Gruppo A	Linezolid	Trimethoprim1,25 pg/sulphamethoxazol23,75 pg	Clindamicina
Rho di Spearman	Età	Coefficiente di correlazione	0.152	0.052	0.327
		Sig. (a 2 code)	0.501	0.817	0.137
		N	22	22	22
	B1	Correlazione Coefficiente	0.028	0.028	0.239
		Sig. (a 2 code)	0.902	0.902	0.284
		N	22	22	22
	B2	Correlazione Coefficiente	-0.155	0.062	-0.134
		Sig. (a 2 code)	0.491	0.784	0.553
		N	22	22	22
Co		Correlazione Coefficiente	0.083	0.278	0.239
		Sig. (a 2 code)	0.713	0.211	0.284
		N	22	22	22
Pus		Correlazione Coefficiente	0.230	0.087	0.125
		Sig. (a 2 code)	0.303	0.699	0.579
		N	22	22	22
RBc s		Correlazione Coefficiente	-0.056	0.053	-0.208
		Sig. (a 2 code)	0.804	0.816	0.353
		N	22	22	22
B.B		Correlazione Coefficiente	-0.141	0.056	0.182
		Sig. (a 2 code)	0.533	0.804	0.419
		N	22	22	22

*. La correlazione è significativa al livello 0,05 (a 2 code).
**. La correlazione è significativa al livello 0,01 (a 2 code).

Gruppo A	Vancomicina	Imipenem	Meropenem	Doxiciclina	Azitromicina

Rho dell'uomo	Età	Correlazione Coefficiente	0.158	0.315	0.403	0.402	.525*
		Sig. (a 2 code)	0.482	0.153	0.063	0.064	0.012
		N	22	22	22	22	22
	B1	Correlazione Coefficiente	0.014	0.140	0.240	.459*	.496*
		Sig. (a 2 code)	0.949	0.534	0.283	0.032	0.019
		N	22	22	22	22	22
B2		Correlazione Coefficiente	0.145		-0.059	-0.165	-0.051 0.281
		Sig. (a 2 code)	0.519	0.795	0.464	0.821	0.204
		N	22		22	22 22	22
Co		Correlazione Coefficiente	0.043	0.359	0.295	0.214	0.160
		Sig. (a 2 code)	0.848	0.101	0.183	0.339	0.476
		N	22		22	22 22	22
Pus		Correlazione Coefficiente	0.185	0.191	0.369	0.367	0.107
		Sig. (a 2 code)	0.409	0.394	0.091	0.093	0.636
		N	22		22	22 22	22
RBcs		Correlazione Coefficiente	-0.029	0.089	0.144	-0.005	-0.259
		Sig. (a 2 code)	0.897	0.695	0.523	0.981	0.245
		N	22		22	22 22	22
B.B		Correlazione Coefficiente	-0.073	0.115	0.075	0.387	.518*
		Sig. (a 2 code)	0.747	0.610	0.741	0.075	0.014
		N	22		22	22 22	22

*. La correlazione è significativa al livello 0,05 (a 2 code).
**. La correlazione è significativa al livello 0,01 (a 2 code).

Le correlazioni positive ai valori specifici ombreggiati nella tabella precedente (45) si evidenziano **per l'azitromicina** con l'età, i bacilli negativi e i bacilli batterici; la **doxiciclina** con i bacilli negativi; l'**amikacina** con i bacilli positivi e i bacilli batterici; la **levofloxacina** con l'età, i bacilli negativi e i bacilli batterici;
ciprofloxacina con età, bacilli negativi e i bacilli batterici, infine **ofloxacina** con bacilli negativi.

	Gruppo B		Penicillina G	Amoxicillina	Amoxicillina/acido vulanico	Ampicillina10 pg /sulbactam10 pg	pipracillina
Rho di Spearman	Età	Coefficiente di correlazione	0.200		0.200	0.200	0.355
		Sig. (a 2 code)	0.555	11	0.555	0.555	0.284
		N	11		11 11		11
	B1	Coefficiente di correlazione	0.346		0.346	0.346	-0.351
		Sig. (a 2 code)	0.297		0.297	0.297	0.290
		N	11	11	11 11		11
	B2	Coefficiente di correlazione	-0.289		-0.289	-0.289	-0.223
		Sig. (a 2 code)	0.389		0.389	0.389	0.509
		N	11	11	11 11		11
	Co	Coefficiente di	-0.194		-0.194	-0.194	0.285

		correlazione				
		Sig. (a 2 code)	0.568	0.568	0.568	0.395
		N	11	11	11 11	11
	Pus	Coefficiente di correlazione	-0.204	-0.204	-0.204	-0.292
		Sig. (a 2 code)	0.548	0.548	0.548	0.384
		N	11	11	11 11	11
	RBcs	Coefficiente di correlazione	-0.371	-0.371	-0.371	-0.343
		Sig. (a 2 code)	0.262	0.262	0.262	0.301
		N	11	11	11 11	11
	B.B	Coefficiente di correlazione	0.239	0.239	0.239	-0.099
		Sig. (a 2 code)	0.479	0.479	0.479	0.772
		N	11	11	11 11	11

*. La correlazione è significativa al livello 0,05 (a 2 code).
**Una colonna vuota che significa valore costante.

Gruppo B			Cefradina	Cefaclor	Cefoxitina	Ceftriaxone	Cefepime
Rho di Spearman	Età	Coefficiente di correlazione		0.027	-0.200	0.027	0.149
		Sig. (a 2 code)		0.937	0.555	0.937	0.661
		N	11	11	11	11 11	
	B1	Coefficiente di correlazione		0.086	-0.289	0.086	-0.043
		Sig. (a 2 code)		0.802	0.389	0.802	0.900
		N	11	11	11	11 11	
	B2	Coefficiente di correlazione		-0.428	-0.289	-0.428	-0.043
		Sig. (a 2 code)		0.189	0.389	0.189	0.900
		N	11	11	11	11 11	
	Co	Coefficiente di correlazione		-0.287	-0.194	-0.287	0.289
		Sig. (a 2 code)		0.392	0.568	0.392	0.389
		N	11	11	11	11 11	
	Pus	Coefficiente di correlazione		-0.440	-0.407	-0.440	0.000
		Sig. (a 2 code)		0.176	0.214	0.176	1.000
		N	11	11	11	11 11	
	RBcs	Correlazione n Coefficiente		-0.264	0.053	-0.264	-0.355
		Sig. (a 2 code)		0.432	0.877	0.432	0.284
		N	11	11	11	11 11	
	B.B	Coefficiente di correlazione		-0.089	-0.418	-0.089	0.134
		Sig. (a 2 code)		0.796	0.200	0.796	0.695
		N	11	11	11	11 11	

*. La correlazione è significativa al livello 0,05 (a 2 code).
**Una colonna vuota che significa valore costante.

Gruppo B			Ofloxacina	Ciprofloxacina	Levofloxacina
Rho di Spearman	Età	Correlazione Coefficiente	0.351	0.037	

			Sig. (a 2 code)	0.290	0.913	
			N	11	11	11
	B1		Correlazione Coefficiente	-0.346	-0.043	
			Sig. (a 2 code)	0.297	0.900	
			N	11	11	11
B2			Correlazione Coefficiente	-0.346	-0.516	
			Sig. (a 2 code)	0.297	0.104	
			N	11	11	11
Co			Correlazione Coefficiente	0.194	0.289	
			Sig. (a 2 code)	0.568	0.389	
			N	11	11	11
Pus			Correlazione Coefficiente	0.102	-0.304	
			Sig. (a 2 code)	0.766	0.364	
			N	11	11	11
RBcs			Correlazione Coefficiente	0.371	0.237	
			Sig. (a 2 code)	0.262	0.483	
			N	11	11	11
B.B			Correlazione Coefficiente	-0.239	-0.356	
			Sig. (a 2 code)	0.479	0.282	
			N	11	11	11

*. La correlazione è significativa al livello 0,05 (a 2 code).
**Una colonna vuota che significa valore costante.

Gruppo B				Amikacina	Tobramicina	Gentamicina
Rho di Spearman	Età		Correlazione Coefficiente	0.326	-.636.*	-0.258
			Sig. (a 2 code)	0.328	**0.036**	0.443
			N	11	11	11
	B1		Correlazione Coefficiente		.609*-0.339	0.000
			Sig. (a 2 code)	**0.047**	0.309	1.000
			N	11	11	11
	B2		Correlazione Coefficiente	0.000	0.135	0.247
			Sig. (a 2 code)	1.000	0.691	0.464
			N	11	11	11
	Co		Correlazione Coefficiente	-0.151	-0.454	-.622.*
			Sig. (a 2 code)	0.657	0.161	**0.041**
			N	11	11	11 11
	Pus		Correlazione Coefficiente	0.347	-0.304	-0.377
			Sig. (a 2 code)	0.295	0.363	0.253
			N	11	11	11
	RBcs		Correlazione Coefficiente	0.209	-0.220	-0.428
			Sig. (a 2 code)	0.538	0.515	0.189
			N	11	11	11
	B.B		Correlazione Coefficiente	0.420	-0.140	0.320
			Sig. (a 2 code)	0.198	0.681	0.338
			N	11	11	11

*. La correlazione è significativa al livello 0,05 (a 2 code).

Gruppo B	Linezolid	Trimethoprim1,25	Clindamicina

				pg/sulphamethoxazol 23,75 pg	
Rho di Spearman	Età	Coefficiente di correlazione	0.209	0.200	0.200
		Sig. (a 2 code)	0.537	0.555	0.555
		N	11	11	11
	B1	Correlazione Coefficiente		.663* 0.346	0.346
		Sig. (a 2 code)	0.026	0.297	0.297
		N	11	11	11
	B2	Correlazione Coefficiente	-0.184	-0.289	-0.289
		Sig. (a 2 code)	0.588	0.389	0.389
		N	11	11	11
	Co	Correlazione Coefficiente	0.041	-0.194	-0.194
		Sig. (a 2 code)	0.904	0.568	0.568
		N	11	11	11
	Pus	Correlazione Coefficiente	0.201	-0.204	-0.204
		Sig. (a 2 code)	0.553	0.548	0.548
		N	11	11	11
	RBcs	Correlazione Coefficiente	0.212	-0.371	-0.371
		Sig. (a 2 code)	0.531	0.262	0.262
		N	11	11	11
	B.B	Correlazione Coefficiente	0.458	0.239	0.239
		Sig. (a 2 code)	0.157	0.479	0.479
		N	11	11	11

*. La correlazione è significativa al livello 0,05 (a 2 code).

Gruppo B

			Vancomycin	Imipenem	Meropenem	Doxiciclina	Azitromicina
Rho di Spearman	Età	Coefficiente di correlazione n.t.	0.200	0.351	0.521	0.483	0.166
		Sig. (2-coda)	0.555	0.290	0.100	0.133	0.626
		N	11	11	11	11	11
	B1	Coefficiente di correlazione	0.346	-0.346	0.100	0.184	-0.247
		Sig. (a 2 code)	0.297	0.297	0.770	0.588	0.464
		N	11	11	11	11	11
	B2	Coefficiente di correlazione	-0.289	-0.346	0.100	-0.184	-0.247
		Sig. (a 2 code)	0.389	0.297	0.770	0.588	0.464
		N	11	11	11	11	11
	Co	Coefficiente di correlazione	-0.194	0.194		-0.261	-0.165 -0.345
		Sig. (a 2 code)	0.568	0.568	0.438	0.628	0.298
		N	11	11	11	11	11
	Pus	Coefficiente di correlazione	-0.204	0.102	0.294	0.142	-0.069
		Sig. (a 2 code)	0.548	0.766	0.380	0.677	0.839

		N	11	11	11	11	11
RBcs	Coefficiente di correlazione		-0.371	0.371	0.122	0.390	-0.139
	Sig. (a 2 code)		0.262	0.262	0.720	0.235	0.683
	N		11	11	11	11	11
B.B	Coefficiente di correlazione		0.239	-0.239	0.069	0.038	-0.192
	Sig. (a 2 code)		0.479	0.479	0.840	0.911	0.572
	N		11	11	11	11	11

*. La correlazione è significativa al livello 0,05 (a 2 code).

Le correlazioni positive ai valori specifici ombreggiati nella tabella precedente riguardano la **tobramicina** con l'età, l'**amikacina** con i bacilli negativi, il **linezolid** con i bacilli negativi e la **gentamicina** con i cocci positivi.

14- Classifica finale del gruppo di antibiotici più efficaci rispetto al gruppo meno efficace e del farmaco antibiotico più efficace rispetto al farmaco meno efficace:

Questi risultati sono stati ottenuti sulla base delle analisi statistiche riportate nella **Tabella (46):**

14.a- Tabella (46): Classifica del gruppo di antibiotici più efficaci, dal più efficace al meno efficace:

Statistiche descrittive

	N	Minimo	Massimo	Media	Standard. Deviazione	C.V%	Classifica
Flurochinoloni	33	1	3	2.5354	0.74507	29.387365	1
Tetracicline	33	1	3	2.15	0.834	38.749996	2
Macrolidi	33	1	3	1.91	0.843	44.144039	3
Carbapenemi	33	1	3	1.8636	0.85030	45.625894	4
Aminoglicosidi	33	1	3	1.6465	0.57699	35.043915	5
Ossazolidinone	33	1	3	1.33	0.595	44.633928	6
Cefalosporine	33	1	3	1.2848	0.35718	27.799191	7
Sulfamidici	33	1	3	1.27	0.574	45.104753	8
Penicilline	33	1	3	1.1758	0.43806	37.257426	9
Vancomicina	33	1	3	1.15	0.508	44.074037	10
Lincosamide	33	1	3	1.12	0.485	43.222123	11
N valido (in ordine di lista)	33						

1- Nei gruppi di antibiotici:

(N: numero di casi; il valore minimo=1 compensazione per i casi resistenti; il valore massimo=3 compensazione per i casi sensibili; Std. Deviation: deviazione standard; C.V: coefficiente di variazione; 1=<Media= Media ponderata=<3)

Secondo le nostre analisi statistiche, i **flourochinoloni** occupano il primo posto con la media più alta, pari a **2,53**, seguiti dalle **tetracicline** con **2,15** come valore medio, quindi i **macrolidi** al terzo posto con una media pari a **1,91**, poi gradualmente i **carbapenemi** con **1,8 come** valore medio al quarto posto, quindi gli **aminoglicosidi** al quinto posto con una media pari a **1,6**, quindi gli **ossazolidinoni** al sesto posto con **1,33 come valore medio, seguiti dalle cefalosprine al settimo posto con 1,28 come valore medio, quindi le penicilline all'ottavo posto per i sulfamidici con 1,27 come valore medio, quindi le penicilline al settimo posto con 1,28 come valore medio.33** come valore medio, seguiti dalle **cefalosprine** al settimo posto con un valore medio di **1,28**, poi all'ottavo posto i **sulfamidici** con un valore medio di **1,27**, quindi le **penicilline** al nono posto con un valore medio di **1,17**, poi la **vancomicina** al decimo posto con un valore medio di **1,15**, infine la media più bassa e l'efficacia più bassa è rappresentata dalla **lincosamide** all'undicesimo e ultimo posto con un valore medio di **1,12**.

Figura (17): I diagrammi mostrano la classifica degli antibiotici più efficaci gruppo gradualmente dal più efficace al meno efficace:

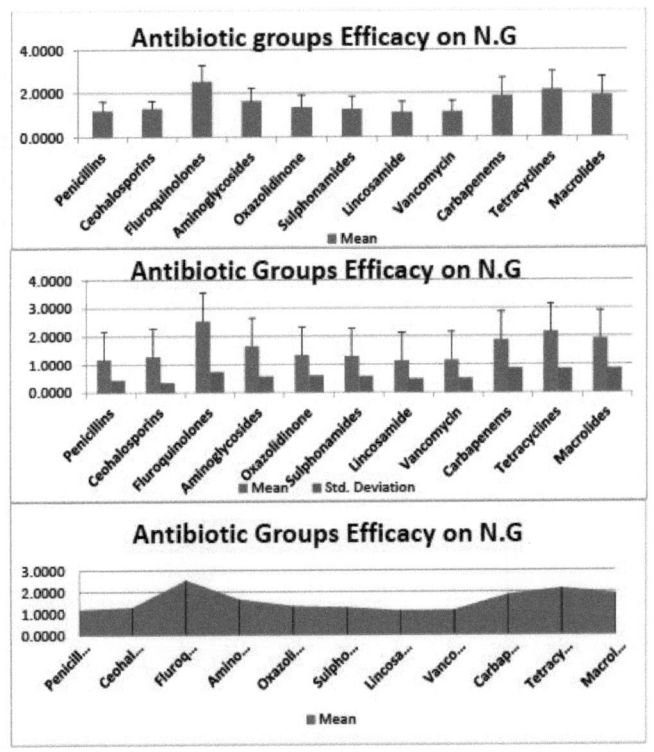

(N.G: <u>Neisseria gonorrhoae</u>)
Il valore medio è rappresentato da quello dei grafici.

14.b- Tabella (47): Classifica di ciascun farmaco antibiotico sia come singolo che nel suo gruppo,

Statistiche descrittive

N		Minimu m	Massimo m	Media	Rank Std. Deviazione C.V%	Rank su tutti gli interni
Penicillina G	33	1	3	1.12	$^{0}.4^{85}$	43 .222123172
Amoxycillina	33	1	3	1.06	0.348	32 .826072183
Amoxicillina/acido clavulanico	33	1	3	1.12	0.485	43 .222123172
AmpicillinIO pg /sulbactamIO pg	33	1	3	1.12	0.485	43 .222123172
pipracillina	33	1	3	1.45	$^{0.711}$	48 .889025121
	33	1	3	1.06	$0,3^{48}$	32 .826072184
	33	1	3	1.18	$^{0}.5^{28}$	44 .646872152
Cefradina Cefaclor	33	1	3	1.03	$^{0}.1^{74}$	16 .895772195
Cefoxitina Ceftriaxone	33	1	3	1.15	$^{0.508}$	44 .074037163
Cefepime	33	1	3	2.00	$0,9^{35}$	46 .77071751
Ofloxacina	33	1	3	2.42	$^{0}.8^{67}$	35 .76862533
Ciprofloxacina	33	1	3	2.55	^{0754}	29 .61272122
Levofloxacina	33	1	3	2.64	^{0742}	28 .15945311
Amikacina	33	1	3	1.73	$^{0}.6^{74}$	39 .03262491
Tobramicina	33	1	3	1.48	$0,6^{67}$	44 ,929836113
Gentamicina	33	1	3	1.73	$^{0}.7^{61}$	44 .074037102
Linezolid	33	1	3	1.33	$0,5^{95}$	44 .633928131
Trimetoprim1,25 pg/sulfametossazolo2 3,75 pg	33	1	3	1.27	0.574	45 .104753142
Clindamicina	33	1	3	1.12	$0,4^{85}$	43 .222123174
Vancomicina	33	1	3	1.15	$0.^{508}$	44 .074037163
Imipenem	33	1	3	1.97	$^{0}.9^{51}$	48. 3056161
Meropenem	33	1	3	1.76	$0.^{830}$	47 .24106582
Doxiclina Azitromicina	33	1	3	2.15	$0,8^{34}$	38,7499964
N valido (in ordine di lista)	33 33	1	3	1.91	$^{0}.8^{40}$	44. 1440397

(N: numero di casi; il valore minimo=1 compensazione per i casi resistenti; il valore massimo=3 compensazione per i casi sensibili; Std. Deviation: deviazione standard; C.V: coefficiente di variazione; 1=<Media= Media ponderata=<3)

In base ai nostri studi statistici dettagliati ci sono alcuni gruppi che forniscono risultati omogenei e altri che forniscono risultati eterogenei. Inizieremo a descrivere la classifica di tutti gli antibiotici trattando l'omogeneità all'interno di ciascun gruppo, in base alla tabella precedente **(47) la levofloxacina** si colloca al primo posto con il valore medio più alto pari a **2,69, seguita dalla ciprofloxacina con una media pari a 2,55, quindi l'ofloxacina si colloca al terzo posto con 2,42 come valore medio.69**, seguita dalla **ciprofloxacina** con un valore medio pari a **2,55**, quindi **l'ofloxacina** si colloca al terzo posto con un valore medio pari a **2,42**, questi primi tre appartengono ai flourochinoloni che occupano il primo posto nei gruppi di antibiotici; quindi al quarto posto la **doxiciclina** con un valore medio pari a **2,15**, poi la **cefepime** si colloca al quinto posto con un valore medio pari a **2**, al sesto posto l'**imipenem** che rappresenta un valore medio pari **a 1,97, quindi il settimo posto rappresentato da un valore**

medio pari a 1,97.97, poi al settimo posto l'**azitromicina** con valore medio pari a **1,91**, all'ottavo il **meropenem** con valore medio pari a **1,76**; al nono posto l'**amicacina** con valore medio pari **a 1,73**, che condivide questo valore con la **gentamicina** al decimo posto, ma la deviazione standard dell'**amicacina** al nono posto è pari a **0,674, più bassa di quella del decimo posto**.674 più bassa di quella della **gentamicina** al decimo posto che è pari a **0,761**; undicesimo posto per la **tobramicina** con **1,48** come valore medio, questi ultimi tre posti appartengono allo stesso gruppo (aminoglicosidi); dodicesimo posto per la **piperacillina** con **1,45** come valore medio; **il linzolid** occupa il tredicesimo posto con **1,33** come valore medio;
ti'imethprim1,25p.g/ sulfametossazolo23,75p,g al quattordicesimo posto con **1,27** come valore medio; al quindicesimo posto **cefaclor** con **1,18** come valore medio; **ceftiiaxone and vancomycin** sharing the sixteenth rank with the same mean value equals **1.15** and same standard deviation equals **0.508** of the both; **penicillin G, amoxycilli/clavulanic acid, ampicillin/sulpactam and clindamycin** sharing in seventeenth rank with same mean value of those equals **1.12** e la stessa deviazione standard pari a **0,485**; **amoxicillina e cefiadina** condividono il diciottesimo posto con la stessa media pari a **1,06** e la stessa deviazione standard pari a **0,348**; la posizione più bassa è il diciannovesimo posto per la **cefoxitina** con il valore medio più basso pari a **1,03**.

15- L'omogeneità dei risultati tra le classifiche complessive dei farmaci antibiotici e la loro correlazione con le classifiche interne ai gruppi di origine:

Il primo gruppo classificato è quello dei **flourochinoloni**, che comprende antibiotici con una media di 2,42 per l'ofloxacina, 2,55 per la ciprofloxacina e 2,69 per la levofloxacina, classificati complessivamente come 3rd, 2nd e 1st, queste medie sono molto vicine alla media del gruppo di origine dei flourochinoloni, che è stata registrata come 2,5, il che significa che vi è un'elevata omogeneità del gruppo e tra i suoi componenti.5, quindi si tratta di fornire l'omogeneità del gruppo e tra i suoi antibiotici inclusi, è stata rilevata da una classifica molto vicina l'una all'altra. ciò significa che c'è un'elevata omogeneità del gruppo e tra i suoi componenti, che è considerevole nei risultati perché non c'è un singolo o più elementi che giocano un ruolo separato nella specificazione della classifica.

Il secondo gruppo è quello dei **carbapenemi**, che occupa il quarto posto nella classifica dei gruppi, comprendente meropenem e imipenem con medie da 1,76 per il meropenem a 1,97 per l'imipenem, classificati complessivamente come 8th e 6th, queste medie sono anche molto vicine alla media del gruppo d'origine dei carbapenemi, che è stata registrata come 1,8, il che fornisce l'omogeneità del gruppo e tra gli antibiotici che lo compongono, è stata rilevata da posizioni molto vicine tra loro.

Il terzo gruppo è quello degli **aminoglicosidi, che** occupa il quinto posto nella classifica dei gruppi, comprendendo questi antibiotici con medie che vanno da 1,48 per la tobramicina a 1,73 per la gentamaicina e l'amicacina, classificate complessivamente come 11th, 10th e 9th, queste medie si avvicinano alla media del gruppo di origine degli aminoglicosidi, che è stata registrata come 1,64, il che fornisce l'omogeneità del gruppo e tra gli antibiotici che lo compongono, che sono stati rilevati da posizioni molto vicine tra loro.

Il quarto gruppo è quello delle **cefalosporine**, che occupa il settimo posto nella classifica dei gruppi, questo gruppo ha un significato particolare perché è il trattamento raccomandato a livello internazionale per la *Neisseria gonorrea*, in particolare la 3rd generazione di ceftriaxone, quindi la media degli antibiotici inclusi inizia con 1,03 per la cfoxitina, poi 1,06 per la cefradina, poi 1,15 per il ceftriaxone, poi 1,18 per il cefaclor e termina con 2 per la cefepime.03 per la cfoxitina, poi 1,06 per la cefradina, poi 1,15 per il ceftriaxone, poi 1,18 per il cefaclor per finire con 2 per la cefepime, classificata complessivamente come 19th, 18th, 16th, 15th e 5th, quindi questi valori forniscono eterogeneità in questo gruppo, il valore medio del gruppo di origine delle cefalosporine è pari a 1.28, è vicino a tutte le voci tranne la 4th generazione di cefepime che ha risultati molto contrastanti con tutti gli altri antibiotici dello stesso gruppo sia nel suo valore medio che nella classifica generale, quando analizziamo i dati del gruppo con la cefepime scusante, il gruppo è risultato omogeneo, rilevato da valori medi molto vicini tra loro e da classifiche generali molto vicine, per cui concludiamo che la cefalosporina è un gruppo eterogeneo. la cefepime, con un'unica media e un rango elevato, gioca un ruolo a parte nell'aumentare la classifica del gruppo delle cefalosporine, mentre i restanti antibiotici del gruppo hanno approssimativamente gli ultimi posti nelle classifiche complessive, anche il rango più basso 19th e la media più bassa 1,03 appartenenti alla cefalosporina, quindi secondo la nostra analisi la cefalosporina è un gruppo eterogeneo. l'effetto della cefepime è significativamente contrastato e non generalizzato sugli altri antibiotici dello stesso gruppo, il che significa trattare la cefepime come antibiotico individuale.

Il quinto gruppo è quello delle **penicilline, che** occupa il nono posto nella classifica dei gruppi, comprendente questi antibiotici con una media da 1,06 per l'amoxicillina, poi 1,12 di condivisione per questi antibiotici tripli penicillina G , amoxycilli/acido clavulanico e ampicillina lOiig-sulbackimlOiig per finire con 1,45 per la pipracillina, classificata complessivamente come 18 , 17 e 12 , quindi simile al gruppo precedente ci sono contrasti tra la pipracillina e gli altri antibiotici del gruppo.45 per la pipracillina, classificata complessivamente come 18th , 17th e 12th , quindi, analogamente al gruppo precedente, c'è un contrasto tra la pipracillina e gli altri antibiotici del gruppo, il valore medio delle penicilline del gruppo d'origine è pari a 1.17, il che fornisce un'omogeneità tra i tre antibiotici.17, fornisce un'omogeneità con gli altri antibiotici del gruppo, a parte la pipracillina che fornisce un piccolo contrasto nella media e nella classifica generale, ma non possiamo considerare le penicilline come un gruppo eterogeneo, è solo un gruppo semi-omogeneo, perché non c'è troppo contrasto nelle variazioni della pipracillina con gli elementi del gruppo rimanente; i sei gruppi rimanenti sono già omogenei perché ogni gruppo contiene un singolo antibiotico, quindi le indicazioni di questi sono le stesse per i loro gruppi.

Figura (18): I diagrammi mostrano la graduatoria dei farmaci antibiotici più efficaci, dal più al meno:

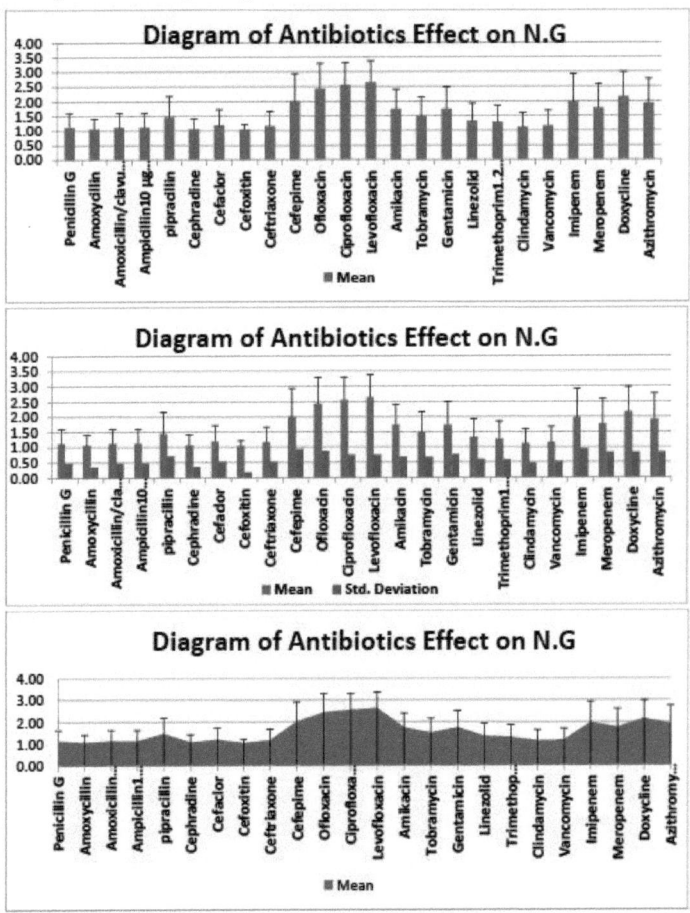

(N.G.: Neisseria gonorrhoae) Il valore medio è rappresentato da bari.

CAPITOLO IV
DISCUSSIONE

DISCUSSIONE

La resistenza ai farmaci nella *Neisseria* gonorroica è considerata, secondo i dati raccolti **dall'OMS,** una delle principali preoccupazioni sanitarie; l'**AMR** degli isolati gonococcici segnalati all'**OMS** da 73 Paesi nel **2017-2018** è che ogni Paese raccoglie almeno **100** isolati gonococcici all'anno. L'OMS ha riscontrato una diminuzione della suscettibilità o della resistenza al **ceftriaxone (31%)** in **68** Paesi dichiaranti e alla **cefixima (47%)** in **51** Paesi dichiaranti. La resistenza all'**azitromicina** è stata segnalata dall'**84%** di **61** Paesi. L'interpretazione in molti Paesi ha mostrato una resistenza estremamente elevata alla **Ciprofloxacina (100%)** su **70 Paesi** segnalanti. **(Simon et al, 2018; Magnus et al, 2019; Sanchez et al, 2020; Linee guida europee/Magnus et al, 2020; CDC/Sancta et al, 2020 e Magus et al, 2021).**

È in aumento la resistenza alla ciprofloxacina, all'azitromicina e continua a emergere la resistenza al ceftriaxone e al cefixime. **(Simon et al, 2018; Magnus et al, 2019; Sanchez et al, 2020; Linee guida europee/Magnus et al, 2020; CDC/Sancta et al, 2020 e; Magus et al, 2021).**

Il Programma globale di sorveglianza antimicrobica del gonococco **(GASP) dell'OMS, il piano d'azione globale dell'OMS per controllare la diffusione e l'impatto della resistenza** antimicrobica nella *Neisseria gonorrhoea* e il Sistema globale di sorveglianza della resistenza antimicrobica **(GLASS)** dell'OMS devono espandersi a livello internazionale per fornire dati sufficienti per le linee guida di gestione nazionali e internazionali e per le politiche di salute pubblica. **(Simon et al, 2018; Magnus et al, 2019; Sanchez et al, 2020; Linee guida europee/Magnus et al, 2020; CDC/Sancta et al, 2020 e Magus et al, 2021).**

Nel **2016** l'OMS ha stimato che: **6,9 milioni di** casi incidenti di gonorrea negli adulti, mentre nel **2020** erano **82,4 milioni**; il trattamento empirico di prima linea era il Ceftriaxone come monoterapia nella maggior parte dei Paesi. Tuttavia
La resistenza al Ceftriaxone si è diffusa e continua a emergere a livello globale. **(Simon et al, 2018; Magnus et al, 2019; Sanchez et al, 2020; Linee guida europee/Magnus et al, 2020; CDC/Sancta et al, 2020 e Magus et al, 2021).**

Nel **Regno Unito** e in Australia il primo ceppo con resistenza al ceftriaxone è stato isolato nel 2010. In **Asia sono** comparsi diversi ceppi resistenti al Ceftriaxone. **(Simon et al, 2018; Magnus et al, 2019; Sanchez et al, 2020; Linee guida europee/Magnus et al, 2020; CDC/Sancta et al, 2020 e Magus et al, 2021).**

Dal 2009 il Programma globale di sorveglianza antimicrobica (GASP) dell'OMS ha raccolto programmi di sorveglianza internazionali e nazionali per la resistenza antimicrobica al gonococco, come il Programma europeo di sorveglianza antimicrobica del gonococco Euro- GASP, il GASP canadese, il GASP argentino, il GASP brasiliano, il GASP britannico e il GASP australiano. **(Simon et al, 2018; Magnus et al, 2019; Sanchez et al, 2020; Linee Guida Europee/ Magnus et al, 2020;**

CDC/ Sancta et al, 2020 e Magus et al, 2021)
Secondo i nostri risultati nello studio condotto in EGITTO per rilevare la resistenza antimicrobica alla *Neisseria gonorrhoeae* e il trattamento empirico più efficace per l'uretrite gonococcica non complicata nei maschi adulti, i flourochinoloni sono al primo posto, seguiti dalla tetraciclina, I macrolidi, i carbapenemi, gli aminoglucosidi e l'oxazolidinon al sesto posto, seguiti da cefalosporine, sulfamidici, penicilline, vancomicina e lincosammidi, i meno efficaci, come nella **tabella** precedente **(46)**:

N		Minimo	Massimo	Media	Standard. Deviazione	C.V%	Classifica
Flurochinoloni	33	1	3	2.5354	0.74507	29.387365	1
Tetracicline	33	1	3	2.15	0.834	38.749996	2
Macrolidi	33	1	3	1.91	0.843	44.144039	3
Carbapenemi	33	1	3	1.8636	0.85030	45.625894	4
Aminoglicosidi	33	1	3	1.6465	0.57699	35.043915	5
Ossazolidinone	33	1	3	1.33	0.595	44.633928	6
Cefalosporine	33	1	3	1.2848	0.35718	27.799191	7
Sulfamidici	33	1	3	1.27	0.574	45.104753	8
Penicilline	33	1	3	1.1758	0.43806	37.257426	9
Vancomicina	33	1	3	1.15	0.508	44.074037	10
Lincosamide	33	1	3	1.12	0.485	43.222123	11
N valido (in ordine di lista)	33						

(N: numero di casi; il valore minimo=1 compensazione per i casi resistenti; il valore massimo=3 compensazione per i casi sensibili; Std. Deviation: deviazione standard; C.V: coefficiente di variazione; 1=<Media= Media ponderata=<3)

All'interno del gruppo dei flurochinoloni, la levofloxacina è risultata la più efficace. seguita da Ciprofloxacina e Ofloxacina rappresentate come segue:

Tabella (48): Classifica interna dei flurochinoloni:

N		Minimum	Massimo	Media	Deviazione	C.V%	Rank Std.Rank su tutti gli interni
	33	1	3	2.42	0.867	35	.76862533
Ofloxacina Ciprofloxacina	33	1	3	2.55	0.754	29	.61272122
Levofloxacina	33	1	3	2.64	0.742	28	.15945311

(N: numero di casi; il valore minimo=1 compensazione per i casi resistenti; il valore massimo=3 compensazione per i casi sensibili; Std. Deviation: deviazione standard; C.V: coefficiente di variazione; 1=<Media= Media ponderata=<3)

Il livello medio di resistenza alla ciprofloxacina nelle regioni dell'OMS variava dal 49% (regione europea) al 93% (regione del Sud-Est asiatico), con un totale di 12 Paesi in cinque regioni dell'OMS che hanno riportato una resistenza alla ciprofloxacina superiore al 90%. **(Simon et al, 2018; Magnus et al, 2019; Sanchez et al, 2020; Linee guida europee/Magnus et al, 2020; CDC/Sancta et al, 2020 e Magus et al, 2021)**.
Ciò dimostra che la resistenza alla ciprofloxacina è superiore a quella dell'EGITTO, pari al **15,2%**:

Tabella (49): Frequenze e percentuali di suscettibilità a ciascun farmaco nei Flurochinoloni:

Fluoroqinuloni:	Frequenti	%
OFX:	22	66.7
Sensibile Resistenza moderata	3	9.1

	8	24.2
Test di Mann-Whitney	(Z = 2.208) , Sig. = 0.027 , (Sig a 0.05,P< 0.05)	
CIP: Sensibile Resistenza moderata	23 5 5	69.7 15.2 15.2
Test di Mann-Whitney	(Z = 1.274) , Sig. = 0.203 , (N.S, P> 0.05)	
LEV: Sensibile Resistenza moderata	26 2 5	78.8 6.1 15.2
Test di Mann-Whitney	(Z = 2.064) , Sig. = 0.05 , (Sig a 0.05,P< 0.05)	

(OFX: ofloxacina , CIP: ciprofloxacina , LEV: levofloxaico)

Dalla mappa GASP per la resistenza alla ciprofloxacina che mostra l'EGITTO dalla regione con dati non disponibili come segue:

Figura (19): Mappa GASP per la resistenza alla ciprofloxacina:

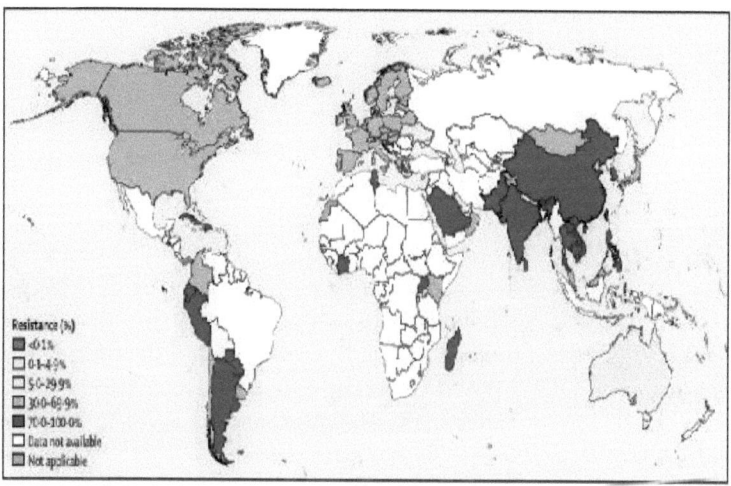

(Magus e altri, 2021)

La resistenza alle cefalosporine nei nostri risultati è stata riportata come 90,9% per il ceftriaxone, la cefoxitina 97%, il cefaclor 87,9%, la cefradina 97%, mentre la cefepime 42,4% La resistenza media eterogenea nel gruppo delle cefalosporine si presenta come segue:

Tabella (50): Frequenze e percentuali di suscettibilità a ciascun farmaco nelle cefalosporine:

Cefalosporine	Frequenza	%
CE:	1	3

Sensibile	-	-
Moderato	-	-
Resistenza	32	97
Test di Mann-Whitney	(Z = 0,707) , Sig. = 0,480 , (N.S, P> 0,05)	
CEC:		
Sensibile	2	6.1
Moderato	2	6.1
Resistenza	29	87.9
Test di Mann-Whitney	(Z = 0,741) , Sig. = 0,459 , (N.S, P> 0,05)	
FOX:		
Sensibile	-	-
Moderato	1	3
Resistenza	32	97
Test di Mann-Whitney	(Z = 1.414) , Sig. = 0.157 , (N.S, P> 0.05)	
CRO:		
Sensibile	2	6.1
Moderato	1	3
Resistenza	30	90.9
Test di Mann-Whitney	(Z = 1.225) , Sig. = 0.220 , (N.S, P> 0.05)	
FEP:		
Sensibile	14	42.4
Moderato	5	15.2
Resistenza	14	42.4
Test di Mann-Whitney	(Z = 3.553) , Sig. = 0.000 , (Sig a 0.01, P< 0.01)	

(CE: Cefradina, CEC: Cefaclor, FOX: Cefoxitina, CRO: Ceftriaxone, FEP: Cefepime).

Questi risultati sono diversi, secondo l'OMS (GASP) la resistenza al Ceftriaxone in Africa è del 40%, nelle Americhe del 22%, nel Mediterraneo orientale del 14%, in Europa del 10%, nel Sud-Est asiatico del 50%, nel Pacifico occidentale del 38%, con una resistenza totale del 22%. In EGITTO è stata registrata una resistenza al Ceftriaxone del 90,9%, un valore molto più alto. **(Simon et al, 2018; Magnus et al, 2019; Sanchez et al, 2020; Linee guida europee/Magnus et al, 2020; CDC/Sancta et al, 2020 e Magus et al, 2021).**

Dalla mappa GASP per la resistenza al ceftriaxone che mostra l'EGITTO dalla regione con dati non disponibili come segue:

Figura (20): Mappa GASP per la resistenza al Ceftriaxone:

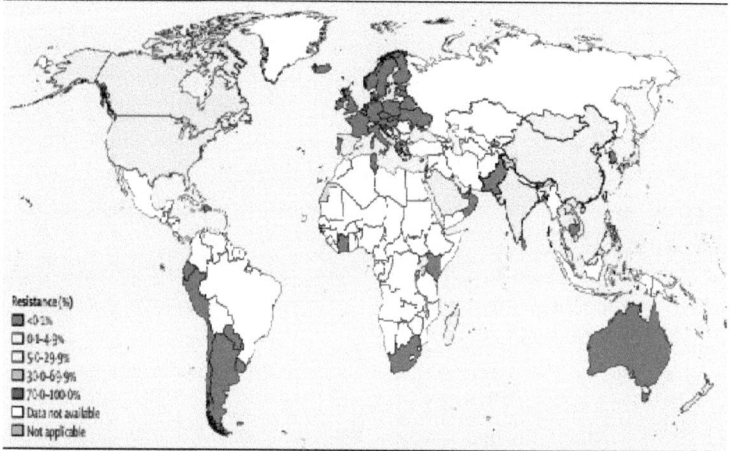

Figure 1: Percentage of isolates with decreased susceptibility or resistance to ceftriaxone reported to WHO Global Antimicrobial Surveillance Programme and Global Antimicrobial Resistance Surveillance System in 2018

For Bahrain, China, Ecuador, New Zealand, Tunisia, and Vietnam, data are from 2017 (no data reported in 2018). Due to the low number of isolates in several countries (appendix pp 1-3), interpretations of antimicrobial resistance levels in these countries should be done with great caution. Disputed territories (Western Sahara, Jammu and Kashmir) were not applicable and no data were available from these regions. The designations employed and the presentation of the material in this publication do not imply the expression of any opinion whatsoever on the part of WHO concerning the legal status of any country, territory, city, or area or of its authorities, or concerning the delimitation of its frontiers or boundaries. Dotted and dashed lines on maps represent approximate border lines for which there may not yet be full agreement.

(Magus e altri, 2021)

Il ceftriaxone in EGITTO è un farmaco a scaffale, somministrato dal farmacista in dosi adeguate e per un breve periodo; ciò attribuisce l'alta incidenza di resistenza, mentre i florichinoloni sono solitamente prescritti dal medico, inoltre la maggior parte dei pazienti ha chiesto il parere del medico in ritardo rispetto alla cronicizzazione. Il ceftriaxone è in forma di iniezione e i pazienti non conformi interrompono l'iniezione una volta migliorati e non completano il ciclo di trattamento, mentre la maggior parte dei florichinoloni è in forma di compresse, il che incoraggerà il paziente a completare il ciclo di trattamento; inoltre, in EGITTO le malattie sessualmente trasmesse sono considerate vergognose e il paziente è facile che chieda consiglio a un amico o a un collega e che gli venga somministrato il ceftriaxone per iniezione, quindi il nostro risultato in EGITTO è leggermente diverso a causa delle normative sulla somministrazione dei farmaci e delle abitudini socioeconomiche.

Raccomandazioni:

1- La prima monoterapia raccomandata per l'uretrite gonococcica non complicata è il flouroquinolon, in particolare la levofloxacina.
2- La cefalosporina deve essere somministrata su prescrizione medica, con dose e periodo di trattamento adeguati.
3- In Egitto le cefalosporine, ad eccezione della cefepime, sono considerate un trattamento inefficace per la *Neisseria gonorrhoea*.
4- Sensibilizzare la comunità sulle malattie sessualmente trasmissibili.
5- Terapia di combinazione per la coinfezione.

SOMMARIO

Gonorrea e resistenza antimicrobica La resistenza antimicrobica dei gonococchi è oggi un problema sanitario importante, poiché in molti Paesi è emersa una resistenza all'ultima linea di trattamento empirico per le cefalosporine gonococciche, che si prevede possa diventare una malattia non curabile nel prossimo futuro. L'OMS GASP, l'OMS GLASS e il piano d'azione globale dell'OMS sulla resistenza antimicrobica raccomandano di espandere a livello nazionale e internazionale la raccolta di dati per monitorare la resistenza antimicrobica dei gonococchi per le politiche di salute pubblica.

Il nostro obiettivo è rilevare la resistenza dei gonococchi alle cefalosporine in Egitto e determinare il trattamento empirico più efficace per l'uretrite gonococcica non complicata nei maschi in Egitto.

La nostra metodologia si basa su gonococchi selezionati da campioni di scarico uretrale maschile su terreno Thyer Martien; abbiamo raccolto 33 isolati nel corso di tre anni dal 2017 al 2020; abbiamo utilizzato antibiotici con MIC secondo gli standard internazionali e abbiamo misurato l'IZD secondo gli intervalli di riferimento dei test di suscettibilità antimicrobica negli standard internazionali.

Da studi statistici la resistenza alle cefalosporine è risultata la seguente: Cefradina 97%, Cefaclor 87,9%, Cefoxitina 97%, Ceftriaxone 90,9% e Cefepime 42,4% che mostrano un'eterogeneità nella resistenza all'interno del gruppo delle cefalosporine; resistenza all'azitromicina 39,4%; Doxycycilne 27,3%; infine i fluorochinoloni più efficaci mostrano resistenza come: Levofloxacina 15,2%, Ciprofloxacina 15,2% e Ofloxacina 24,2%.

Il trattamento empirico più efficace per l'uretrite gonococcica non complicata nei maschi in EGITTO è il fluorochinolone, in particolare la levofloxacina è al primo posto per suscettibilità (78,8% e 15,2% di resistenza), seguita dalla ciprofloxacina (69,7% e 15,2% di resistenza) e dall'ofloxacina (66,7% e 24,2% di resistenza).Il Ceftriaxone non è più raccomandato in EGITTO come trattamento empirico per l'uretrite gonococcica non complicata; la suscettibilità è del 6,1% e la resistenza del 90,9; è possibile utilizzare la terapia di combinazione dei fluorochinoloni con l'azitromicina o la doxiciclina, la cui suscettibilità è del 30,3% per l'azitromicina; del 42,4% per la doxiciclina e la resistenza del 39,4% per l'azitromicina; del 27,3% per la doxiciclina. Vale la pena notare che solo la Cefepime nel gruppo delle Cefalosporine rappresenta il 42,4% di suscettibilità e il 42,4% di resistenza, mentre nel gruppo dei Carbapenemi rappresenta il 42,4% di suscettibilità per l'Imipenem e il 45,5% di resistenza e il 42,2% di suscettibilità per il Meropenem e il 48,5% di resistenza, che possono giocare un ruolo nella terapia di combinazione.

Riferimenti

1- [Centri per il controllo e la prevenzione delle malattie CDC, (2005): Ceppi di riferimento di Neisseria gonorrhoeae per i test di suscettibilità antimicrobica (90-96)
2- [Clinical laboratory standards institute CLSI, (2017): M100 performance standards for antimicrobial susceptibility testing.27th ed. Volume 37 (72-74).
3- [Clinical laboratory standards institute CLSI, (2020): M100 performance standards for antimicrobial susceptibility testing.30th ed. Volume 37 (72-74).
4- [OMS, (2011): Creazione di una sorveglianza nazionale di laboratorio della resistenza agli antimicrobici. Protocolli per i test di suscettibilità antimicrobica. Cap. 6 (17, 21, 23 e 24).
5- [OMS, (2016): linee guida per il trattamento della *Neisseria gonorrhoeae*. (1-50)
6- [Workowski, K.A.; e Bolan, G.A. (2015): linee guida per il trattamento delle malattie a trasmissione sessuale, 2015. *MMWR Recomm Rep*. 2015 Jun 5. 64 (RR-03):1-137.
7- [Organizzazione Mondiale della Sanità, Programma globale di sorveglianza delle infezioni sessualmente trasmesse dell'OMS, (2018): Programma di suscettibilità antimicrobica al gonococco (GASP)(33-37)
8- [Organizzazione Mondiale della Sanità, Linee guida dell'OMS per il trattamento della Neisseria gonorrhoeae. *Organizzazione Mondiale della Sanità*. 2016: (1-50)
9- Società americana di microbiologia, (2019): Protocolli di colorazione di Gram (1-6)
10- Amy, V. J.; David, W.; Monica, M. L.; Rikki, M. G.; Michelle, J.C.; Gwenda, H.; Helen, F.; Monique, A.; Anne, E; David, E. (2019): Parentela genetica dei casi di Neisseria gonorrhoeae resistenti al ceftriaxone e all'azitromicina di alto livello, Regno Unito e Australia, da febbraio ad aprile 2018. Euro Surveill 2019; 24: 1900118.
11- Angulo, J.M. e Espinoza, L.R. (1999): Artrite gonococcica. *Compr Ther*. 1999 Mar. 25(3):155-62.
12- Apurba, S.S. e Sandhya, B.K. (2016): Essentials of medical microbiology, Sec1 ch4: (45, 47, 48, 49 e 50); Sec3 ch2: (236-242) New Delhi | London | Philadelphia | Panama: The Health Science Puplisher.
13- Arlene, C. S.; Laura, B.; Christine, J.; Teodora, Wi.; Kimberly, W.; Edward, W. H.; Jane, S. H.; George, D.; Magnus, U. (2020): Ottimizzazione dei trattamenti per le infezioni sessualmente trasmesse: sorveglianza, farmacocinetica e farmacodinamica, strategie terapeutiche e previsione della resistenza molecolare. Lancet Infect Dis 2020; 20: e181-91
14- Beatriz, S. e Maria-Teresa, P.G. (2017): *Neisseria gonorrhoeae* resistente ai farmaci: ultimi sviluppi. European journal of clinical microbiology and infectious diseases 36: 1065-1071.
15- Belding, M.E. e Carbone, J. (1991): Gonoccemia associata alla sindrome da distress respiratorio dell'adulto. *Rev Infect Dis*. 1991 Nov-Dic. 13(6):1105-7.
16- Brian, W. e Pranatharthi, H.Ch. (2016): Presentazione clinica della gonorrea: Anamnesi, esame fisico. Medscape(1-7)

17- Brian, W. e Pranatharthi, H.Ch. (2016): Presentazione clinica della gonorrea: Storia, esame fisico. Medscape(23-24)
18- Brian, W. e Pranatharthi, H.Ch. (2021): Gonorrea: linee guida dell'OMS sul trattamento dell'infezione da *Neisseria gonorrhoeae*. File: ///G:/ master/ Gonorrhea.html. (1-6).
19- Brian, W. e Pranatharthi, H.Ch.(2016): Gonorrea: linee guida dell'OMS sul trattamento dell'infezione da Neisseria gonorrhoeae. File: ///G:/ master/ Gonorrhea.html. (1-6).
20- Brooks, M. (2016): Il CDC trova il primo cluster di gonorrea altamente resistente negli Stati Uniti. Medscape Medical News. Disponibile su http://www.medscape.com/viewarticle/869170. 22 settembre 2016; Accesso: 26 settembre 2016.
21- Centri per il controllo e la prevenzione delle malattie, CDC. (2009): Sorveglianza delle malattie sessualmente trasmissibili: Gonorrea. Disponibile su http://www.cdc.gov/STD/stats09/gonorrhea.htm. Accesso: 5/27/11.
22- Centri per il controllo e la prevenzione delle malattie, CDC. (2010): Sorveglianza delle malattie sessualmente trasmissibili: Gonorrea. Disponibile all'indirizzo http://www.cdc.gov/std/stats10/gonorrhea.htm. Accesso: 21 maggio 2012.
23- Centri per il controllo e la prevenzione delle malattie, CDC. (2011): Suscettibilità alle cefalosporine tra gli isolati di Neisseria gonorrhoeae - Stati Uniti, 2000-2010. *MMWR Morb Mortal Wkly Rep*. 2011 Jul 8. 60(26):873-7
24- Centri per il controllo e la prevenzione delle malattie, CDC. (2012): Sorveglianza delle malattie sessualmente trasmissibili. Disponibile
su https://www.cdc.gov/std/stats12/default.htm. 7 gennaio 2014;
25- Centri per il controllo e la prevenzione delle malattie, CDC. (2013): Sorveglianza delle malattie sessualmente trasmissibili. Disponibile
su https://www.cdc.gov/std/stats13/default.htm. 16 dicembre 2014.
26- Centri per il controllo e la prevenzione delle malattie, CDC. (2014): Raccomandazioni per la rilevazione in laboratorio di Chlamydia trachomatis e Neisseria gonorrhoeae--2014. *MMWR Recomm Rep*. 2014 Mar 14. 63 (RR-02):1-19.
27- Centri per il controllo e la prevenzione delle malattie, CDC. (2015): Linee guida per il trattamento delle malattie sessualmente trasmissibili: Infezioni da gonococco. Disponibile all'indirizzo https://www.cdc.gov/std/tg2015/gonorrhea.htm. 4 giugno 2015;
28- Centri per il controllo e la prevenzione delle malattie, CDC. (2016): Sorveglianza delle malattie sessualmente trasmesse: Gonorrea. Disponibile all'indirizzo https://www.cdc.gov/std/stats16/Gonorrhea.htm. 26 settembre 2017;
29- Centri per il controllo e la prevenzione delle malattie, CDC. (2016): Sorveglianza delle malattie sessualmente trasmissibili: Tabella 14. Gonorrea - Casi segnalati e tassi di casi segnalati per Stato/Area e Regione in ordine alfabetico, Stati Uniti e aree periferiche, 2012-2016. Disponibile all'indirizzo https://www.cdc.gov/std/stats16/tables/14.htm. 21 agosto 2017;

30- Centri per il controllo e la prevenzione delle malattie, CDC. (2019): Progetto di sorveglianza degli isolati di gonococco (GISP). Disponibile all'indirizzo https://www.cdc.gov/std/GISP/. 2019;
31- Centri per il controllo e la prevenzione delle malattie, CDC. (2019): Panoramica nazionale - Sorveglianza delle malattie sessualmente trasmissibili, 2019. CDC.gov. Disponibile
all'indirizzo https://www.cdc.gov/std/statistics/2019/overview.htm#Gonorrhea.
32- Chiara, B.V.; Stefano, M.; Martina, M.; Mariachiara, Di. N. e Carlo, C. (2019): La gonorrea, una malattia attuale con radici antiche: dai rimedi del passato alle prospettive future. Leinfezioni in medicina, n. 2, (212- 221).
33- Chisholm, S.A.; Mouton, J.W.; Lewis, D.A.; Nichols, T.; Ison, C.A.; Livermore, D.M. (2010): Creep delle MIC delle cefalosporine tra i gonococchi: è tempo di un ripensamento farmacodinamico? J Antimicrob Chemother 2010; 65: 2141-48
34- Chosewood, L. e Wilson, D. (2009): Biosicurezza nei laboratori microbiologici e biomedici. 5a ed. Atlanta: United States Centers for Disease Control and Prevention; 2009 (https://www.cdc.gov/labs/BMBL.html, visitato il 3 settembre 2020).
35- Cucurull, E. e Espinoza, L.R. (1998): Artrite gonococcica. *Rheum Dis Clin North Am.* 1998 Maggio. 24(2):305-22
36- Da Ros CT.; e Schmitt Cda S.,(2008): Epidemiologia globale delle malattie sessualmente trasmesse. *Asian J Androl.* 2008 Jan. 10(1):110-4.
37- David, T.R.; Anna, P. e Patrick, H. (2017): Diagnosi di alcune infezioni del tratto genitale: parte 1. Una prospettiva storica. International jornal of STD and AIDS 0(0) 1-7.
38- Dona, V.; Low, N.; Golparian, D.; Unemo, M. (2017): Recenti progressi nello sviluppo e nell'uso di test molecolari per prevedere la resistenza antimicrobica in Neisseria gonorrhoeae. Expert Rev Mol Diagn 2017; 17: 845-59
39- Elena, N. Ilina; Vladimir, A .V.ereshchagin; Alexandra, D. Borovskaya; Maja, V. Malakhova; Sergei, V. Sidorenko; Nazar, C. Al- Khafaji; Anna, Λ. Kubanova; Vadim, M. Govorun.(2008): Relazione tra marcatori genetici di resistenza ai farmaci e profilo di suscettibilità di ceppi clinici di Neisseria gonorrhoeae. *Antimicrob Agents Chemother.* 2008 Jun. 52(6):2175-82.
40- Ellen, N. K.; Cau, D. Ph.; John, R. P.; Robert, M.; Richard, S.; Grace, K.; Romesh, G.; Evelyn, E. N.; Samera, Sh.; Kim, M. G.; Matthew, S.; Brian, H. R.; Tara, H.; Anne, M. G.; Olusegun, S.; Karen,
S.; Robert, D. K.; Sancta, B. St. Cyr.; Elizabeth, A. T.; Kyle, B.; Hillard. W. (2020): Expanding U.S. laboratory capacity for Neisseria gonorrhoeae antimicrobial susceptibility testing and whole-genome sequencing through the CDC's Antibiotic Resistance Laboratory Network. J Clin Microbiol 2020; 58: e01461-19
41- Emily, J.W.; Teodora, Wi.; John, P.(2017): Sorveglianza della _Neisseria gonorrhoeae_ resistente ai farmaci antimicrobici attraverso il programma di sorveglianza antimicrobica gonococcica potenziata. Emerging infectious diseases.WWW.cdc.gov/eid.vol.23 (547-550).

42- Evelyn, E. N.; Cau, D. Ph.; Brian, R.; Emily, R. L.; Kerry, M.; Josh.; Christie, M.; Christina, S. Th.; Acasia, F.; Oana, Dobre-Buonya.; Jamie, M. Black.; Kimberly, J.; Kevin, S. e Karen, Sc. (2021): Impatto del sito anatomico, della tempistica di raccolta dei campioni e dello stato sintomatologico del paziente sul recupero della coltura di Neisseria gonorrhoeae. *Sex Transm Dis.* 2021 Dec 1. 48 (12S Suppl 2): S151-6

43- Semchenko, E.A., Chen, X., Thng, C., O'Sullivan, M. e Seib, K.L. (2020) Gonorrea: passato, presente e futuro. Microbiologia Australia 41, 205-208

44- Francis, K.; Patrick, M.; Meklit, W.; Richard, W.; Peter, K.; Emmanuel, M.; Christopher, L.; Jhamira, M. N.; Reuben, K.; Matthew, M. H.; Bernard, S. B.; Mohammed, L.; Magnus, U.; Yukari, C. M.

(2021): Implementazione di un programma di sorveglianza antimicrobica del gonococco standardizzato e di qualità garantita in conformità ai protocolli dell'OMS a Kampala, Uganda. Sex Transmect Infect 2021; 97: 31216.

45- Gerd, G. e Stephen, K.T. (2011): Infezioni sessualmente trasmesse e malattie sessualmente trasmesse V:1, cap. 6:(77-88)

46- Hary, H. (2018): Uretrite e perdite uretrali negli uomini. Infezioni sessualmente trasmesse (IST, STD) / paziente (13-).

47- Holder, N.A. (2008): Infezioni da gonococco. *Pediatr Rev.* 2008 Luglio 29(7):228-34.

48- Jan, H. (2016): Protocollo del test di suscettibilità con diffusione su disco Kirby-Bauer. Società americana di microbiologia (1-19)

49- Jane, R.; Stephen, V. H.; Eline, K.; Nicola, L.; Magnus, U.; Laith, J. Abu-Raddad. R.; Matthew, Ch.; Alex, S.; Lori, N.; Sami, G.; Soe Soe, Th.; Nathalie, B. e Melanie, M.T. (2019): Clamidia, gonorrea, tricomoniasi e sifilide: stime globali di prevalenza e incidenza, 2016. Bull World Health Organ 2019; 97: 548-62.

50- John, E. B.; Raphael, D. e Martin, J. Blaser. (2019): Mandell, Douglas e Bennett's Principles and Practice of Infectious Diseases 9a Ed. Cap. 212 (826, 2608-2631).

51- John, G.H.; Noel, R.K.; Peter, H.A.S.; James, T.S. e Stanley, T.W. (1994): Manuale di Bergey di batteriologia determinativa 9th Ed. Baltimora :Williams & Wilkins, 1994 : 74, 75, 258, 365, 467, 579, 580, 582, 583, 584, 586, 587, 663, 798, 979, 1129, 1369, 1450, 1449, 1318, 1319, 798, 821, 822, 1009 e 1010, 1365-1367.

52- Joho, T. (2001): Resistenza antimicrobica nella Neisseria gonorrhoeae. WHO/CDC/CRS/DRS; (1-48)

53- Kaede, V. O.; David, N. F.; Itamar, E.T.; Marek, S.; Lai-King, Ng.; Karen, E. J. e Alessandro, D.; Susan, E. R. (2009): Incidenza ed esiti del trattamento delle infezioni faringee da Neisseria gonorrhoeae e Chlamydia trachomatis negli uomini che hanno rapporti sessuali con altri uomini: uno studio di coorte retrospettivo di 13 anni. *Clin Infect Dis.* 2009 1 maggio. 48(9):1237-43.

54- Karl, E.M. (2006): Diagnosi e trattamento dell'*infezione da Neisseria* gonorrhoeae. American family physician 15; 73(10): 17791784.

55- Kathleen, D. e Timothy, J. (2011): Riferimento per i test diagnostici e di laboratorio. 11th di ch,5 835-838

56- Kimberly, A.W. e Gail, A.B. (2015): Linee guida per il trattamento delle malattie sessualmente trasmissibili. CDC, Vol.64/No.3 (60-68)
57- Koichiro, W.; Shinya, U.; Ritsuko, M.; Reiko, K.; Hiroyuki, N.; Shinichi, S.; Ayano, I.; Toyohiko, W.; Akira, M.; Koichi, M.; Satoru, U.; Tohru, A. e Hiromi, K. (2012): Prevalenza di Chlamydia trachomatis e Neisseria gonorrhoeae tra gli uomini eterosessuali in Giappone. J Infect Chemother. 2012 Apr 11.
58- Leonor, Sanchez-Buso.; Corin, A. Y.; Benjamin, T.; Richard, J. G.; Anthony, U.; Khalil, Abudahab.; Silvia, A.; Kevin, C. M.; Tatum, D. M.; Daniel, G.; Michelle, J. C.; Yonatan, H. G.; Irene, M.; Brian, H. R.; William, M. Sh.; Katy, T.; Teodora, Wi.; Simon, R. H.; Magnus, U. e David, M. A. (2021): Una risorsa guidata dalla comunità per l'epidemiologia genomica e la previsione della resistenza antimicrobica di Neisseria gonorrhoeae presso Pathogenwatch. Genome Med 2021; 13: 61
59- Lewis, DA. (2015): Puntare sulla gonorrea orofaringea ritarderà l'ulteriore emergere di ceppi di Neisseria gonorrhoeae resistenti ai farmaci? Sex Transm Infect 2015; 91: 234-37
60- Ligon, Bl. (2005): Albert Ludwigs Ligesmund Neisser: scoperta della causa della gonorrea.Semin pediatr. Infect.Dis. 16, (336-341).
61- Magnus, U. e Willaim M Sh., (2011): Resistenza agli antibiotici nella *Neisseria gonorrheoae*: origine, evoluzione e insegnamenti per il futuro. Annals of the New York academy of science volume 1230, issue1/ P.E19- E28, (1-11).
62- Magnus, U. e William, M.Sh. (2014): Resistenza antimicrobica nella Neisseria gonorrhoeae nel 21st secolo: Passato, evoluzione e futuro. CMR jornal.Vol 27.003.(587-613)
63- Magnus, U.; Catriona, S. B.; Jane, S. H.; Henry, J. C, de, V.; Suzanna, C. F.; David, M.; Jeanne, M. M.; Gerard, J. B. S.; Jane, R. S.; Elske, H.; Rosanna, W. P.; Susan, S. Ph.; Nicola, L. e Christopher, K. (2017): Infezioni sessualmente trasmesse: le sfide future. Lancet Infect Dis 2017; 17: e235-79.
64- Magnus, U.; Daniel, G.; Leonor, Sanchez-Buso; Yonatan, G.; Susanne, J.; Makoto, O.; Monica, M. L.; Athena, L.; Aleksandra, E. S.; Teodora, Wi. e Simon, R. H.(2016): I nuovi ceppi di riferimento 2016 dell'OMS di Neisseria gonorrhoeae per la garanzia di qualità globale delle indagini di laboratorio: caratterizzazione fenotipica, genetica e del genoma di riferimento. J Antimicrob Chemother 2016; 71: 3096-108
65- Magnus, U.; Monica, M. L.; Martina, Es.;Sergey, E.; Michelle, J. C.; Patricia, G.; Francis, N.; Irene, M.; Jo-Anne, R. D.; Marcelo, G.; Pilar, Ramon-Pardo.; Hillard, W. e Teodora, Wi. (2021): Sorveglianza globale della resistenza antimicrobica dell'OMS per la Neisseria gonorrhoeae 2017-18: uno studio osservazionale retrospettivo. 2: e627-36. Pubblicato online il 2 settembre 2021 https://doi.org/10.1016/ S2666-5247(21)00171-3
66- Magnus, U.; Monica, M.L.; Michelle, C.; Patricia, C.; Francis, N.; Irene, M.; Jo-Anne, R.D.; Pilar, R.P.; Gail, B. e Tedora, Wi. (2019): Organizzazione mondiale della sanità Programma globale di sorveglianza antimicrobica del gonococco (WHO GASP): Revisione di nuovi dati ed evidenze per informare le azioni di collaborazione

internazionale e gli sforzi di ricerca. CSIRO PUBLISHING. Salute sessuale, 16: 412-425.

67- Magnus, U.; Ross, J. D. C.; Serwin, A.B.; Cusini, M. e Jensen, J.S. (2020): Linee guida europee 2020 per la diagnosi e il trattamento della gonorrea negli adulti. Rivista internazionale sulle malattie sessualmente trasmissibili e l'AIDS (1-17).

68- Magnus, U.; Shipitsyna, E. e Domeika, M. (2010): Trattamento antimicrobico raccomandato per la gonorrea non complicata nel 2009 in 11 Paesi dell'Europa orientale: l'attuazione di un programma di suscettibilità antimicrobica della Neisseria gonorrhoeae in questa regione è fondamentale. *Sex Transm Infect.* 2010 Nov. 86(6):442-4.

69- Michelle, J. C.; Chantal, Q.; Susanne, J.; Michaela, D.; Andrew, J. Amato-Gauci.; Neil, W.; Gianfranco, S.; Magnus, U. e (rete Euro-GASP): Angelika, S.; Maria, H.; Ruth, V.; Tania, C.; Soteroulla, S.; Despo, P.; Susan, C.; Steen, H.; Jevgenia, E.; Jelena, V.; Ndeindo, N.; Agathe, G.; Peter, K.; Susanne, B.; Viviane, B.; Eva, T.; Vasileia, K.;

Eszter, B.; Maria, D.; Gudrun, S.; Gudrun, S. H.; Derval, Igoe.; Brendan, C.; Barbara, S.; Paola, S.; Gatis, P.; Violeta, M.; Christopher, B.; Jackie, M. M.; Alje, V. D.; Birgit, V.B.; Ineke, L.; Hilde, K.; Thea, B.;

Slawomir, M.; Beata, Mlynarczyk-Bonikowska.; Jacinta, A.; Maria, Jose. B.; Peter, P.; Peter, T.; Irena, K.; Samo, J.; Julio, V.; Mercedes, Diez.; Inga, V.; Magnus, U.; Gwenda, H.e Kirstine, E. (2019): Il programma europeo di sorveglianza antimicrobica del gonococco (EuroGASP) riflette in modo appropriato la situazione della resistenza antimicrobica della Neisseria gonorrhoeae nell'Unione Europea/Spazio Economico Europeo. BMC Infect Dis 2019; 19: 1040

70- Miller, K.E. (2006): Diagnosi e trattamento delle infezioni da Neisseria gonorrhoeae. Amfam physician jornal;13 (10): (1779-1784)

71- Cheesbrough. M. (2006). Pratica di laboratorio distrettuale nei Paesi tropicali (2a ed.). Parte 2, Sezione 7. Ch4. (pp46, 52, 62, 64, 69) (pp90-96) (pp132-142) (pp176-178) (pp384, 399, 400, 404, 405). New York: Cambridge University Press.

72- Monica, M. L.; Irene, M.; Walter, D.; Amy, V. J.; Ken-Ichi, L.; Shu-Ichi, N.; Brigitte, L.; Jean, L.; Alison, W.; Michael, R. M.; Teodora, Wi.; Makoto, O.; David, W. (2018): Riconoscimento cooperativo del ceppo di Neisseria gonorrhoeae resistente al ceftriaxone diffuso a livello internazionale. Emerg Infect Dis 2018; 24: 735-40.

73- Moran, J.S. e Levine, W.C. (1995): Farmaci di scelta per il trattamento delle infezioni gonococciche non complicate. *Clin Infect Dis.* 1995 Apr. 20 Suppl 1:S47-65.

74- Morrow, G.L. e Abbott, R.L. (1998): Congiuntivite. *Am Fam Physician.* 1998 Feb 15. 57(4):735-46

75- Ned, C. (2005): U.S. Preventive Services Task Force. Screening per la gonorrea: dichiarazione di raccomandazione. *Ann Fam Med.* 2005 May- Jun. 3(3):263-7.

76- Proksc, J.K. (1995): Die geschichte der vnerischen krank- heiten.Bonn: Hanstein, (1895).pp.3-315.

77- Rui-xing, Yu.; Yueping, Yin.; Guan-qun, Wang.; Shao-chun, Chen.; Bing-jie,

Zheng.; Xiu-qin, Dai.; Yan, Han.; Qi, Li.; Guo-yi, Zhang. E Xiangsheng Chen. (2014): Tassi di suscettibilità a livello mondiale di isolati di Neisseria gonorrhoeae a cefixime e cefpodoxime: una revisione sistematica e una meta-analisi. *PLoS One*. 2014. 9 (1):e87849.

78- Sami, L. G.; Francis, N.; Edward, W. H.; Carolyn, D.; Laura, B.; Laith, Abu-Raddad.; Xiang-Sheng, Ch.; Ann, J.; Nicola, L.; Calman, A. M.; Helen, Petousis-Harris.; Kate, L. S.; Magnus, U.; Leah, V.; Birgitte, K. G. e Gruppo consultivo di esperti sul vaccino gonococcico PPC. (2020): Vaccini gonococcici: valore per la salute pubblica e caratteristiche preferite del prodotto; rapporto di una consultazione globale degli stakeholder dell'OMS, gennaio 2019. Vaccino 2020; 38: 4362-73.

79- Sami, L.G.; Francis, N.; Edward, W.; Carolyn, D.; Laur, B.; Laith, Abu-R.; Xiang-sheng, Ch.; Ann, J; Nicola, L.; Calman, A.M.; Helen, P.H.; Kate, L.S.; Magnus, U.; Leah, V. e Birgitte, K.G. (2020): Vaccini contro il gonococco: Valore per la salute pubblica e caratteristiche preferite del prodotto; relazione di una consultazione globale degli stakeholder dell'OMS, gennaio 2019. Rivista Elsevier. Vaccino 38 (4362-4373)

80- Sanchez, T.A; Gonzalez, C.E.; Ruiz, S.D.P.; Becerril, V.L.; Martinez, O. J.A.; Delgado, C.A.L.; Romero, A.T.Y. e Alvarado, P.N. (2020): Infezione da Neisseria gonorrhoeae, stato attuale della suscettibilità antimicrobica. Med crave journal of bacteriology and mycology (117121)

81- Santa, St.C.; Lindly, B.; Kimberly, A.W. ;Laura, H.; Bachmann, Cau. Ph.; Karen. Sc.; Elizabeth, T.; Hillard, W.; Ellen, N.K. e Phoebe, Th. (2020): Update to CDC's treatment guide lines for gonogoccocal infection, Vol.69/No50 (1911-1915).

82- Simon, R. H.; Michelle, J. C.; Gianfranco, S.; Leonor, Sanchez- Buso.; Daniel, G.; Susanne, J.; Richard, G.; Khalil, A.; Corin, A. Y.; Beatrice, B.; Maria, J. B.; Brendan, C.; Paola, S.; Francesco, T.; Raquel, A.; David, M. A. e Magnus, U. (2018): Sorveglianza della salute pubblica dei cloni multifarmaco-resistenti di Neisseria gonorrhoeae in Europa: un'indagine genomica. Lancet Infect Dis 2018; 18: 758-68.

83- Standard e certificazione: Requisiti di laboratorio (42 CFR 493). Codice elettronico dei regolamenti federali. Disponibile all'indirizzo https://www.ecfr.gov/cgi-bin/text-idx?SID=1248e3189da5e5f936e55315402bc38b&node=pt42.5.493&rgn =div5. 17 novembre 2017;

84- Stefanelli, P. (2011): Resistenza emergente in Neisseria meningitidis e Neisseria gonorrhoeae. *Expert Rev Anti Infect Ther*. 2011 Feb. 9(2):237-44.

85- Thiery, G.; Tankovic, J.; Brun-Buisson, C. e Blot, F. (2001):
Gonococcemia associata a shock settico fatale. *Clin Infect Dis*. 2001 Mar 1. 32(5):E92-3.

86- Thomus, M. e Susanne, B. (2020): la diagnosi di laboratorio della Neisseria gonorrhoeae: Test attuali e richieste future. Pathogens jornal, 9, 91 (1-19)

87- Tornimbene, B.; Eremin, S.; Escher, M.; Griskeviciene, J.; Manglani, S. e Pessoa-Silva, CL. (2016): WHO Global Antimicrobial Resistance Surveillance System early implementation 2016-17. Lancet Infect Dis 2018; 18: 241-42.

88- Troy, B. (2013): Gonorrea multiresistente: Nuove linee guida per il trattamento. Disponibile su http://www.medscape.com/viewarticle/779587. Accesso: 27 febbraio 2013.
89- Unemo, M.; Seifert, H.S.; Hook, E.W.; Hawkes, S.; Ndowa, F. e Dillon, J.R. (2019): Gonorrea. Nat Rev Dis Primers 2019; 1: 10, 14-18.
90- Aggiornamento delle linee guida del CDC per il trattamento delle malattie sessualmente trasmissibili. (2010): Le cefalosporine orali non sono più un trattamento raccomandato per le infezioni da gonococco. *MMWR Morb Mortal Wkly Rep.* 2012 Aug 10. 61:590-4
91- Wadsworth, C.B.; Sater, M.R.A.; Bhattacharyya, R.P. e Grad, Y.H. (2019): Impatto della diversità delle specie sulla progettazione di diagnostici a base di RNA per la resistenza agli antibiotici in Neisseria gonorrhoeae. Antimicrob Agents Chemother 2019; 63: e00549-19
92- Watring, W.G. e Vaughn, D.L. (1976): Gonococcemia in gravidanza. *Obstet Gynecol.* 1976 Oct. 48(4):428-30.
93- Weston, E.J.; Wi, T.; Papp, J. (2017): Rafforzamento della sorveglianza globale per la Neisseria gonorrhoeae resistente ai farmaci antimicrobici attraverso il Programma di sorveglianza antimicrobica gonococcica potenziata. Emerg Infect Dis. 2017, 23 (Suppl. 1):S47-52.
94- Whiley, D.M.; Tapsall, J.W. e Sloots, T.P. (2006): Test di amplificazione degli acidi nucleici per la Neisseria gonorrhoeae: una sfida continua. *J Mol Diagn.* 2006 Feb. 8(1):3-15
95- OMS, Dipartimento di Ricerca e Salute Riproduttiva. (2012): Piano d'azione globale per controllare la diffusione e l'impatto della resistenza antimicrobica nella Neisseria gonorrhoeae. Ginevra: Organizzazione Mondiale della Sanità, 2012
96- OMS, Piano d'azione globale sulla resistenza antimicrobica. Ginevra: Organizzazione Mondiale della Sanità, 2015.
97- OMS. (2021): Rapporto sui progressi globali in materia di HIV, epatite virale e infezioni sessualmente trasmissibili, 2021. 20 maggio 2021.
https://www.who.int/ publications/i/item/9789240027077 (visitato il 18 agosto 2021).
98- Organizzazione Mondiale della Sanità, OMS. (2011): Emergenza della Neisseria gonorrhoeae multifarmaco-resistente - Minaccia di aumento globale delle infezioni sessualmente trasmesse non curabili. Disponibile
http://whqlibdoc.who.int/hq/2011/WHO RHR 11.14 eng.pdf.
Accesso: 16 agosto 2011.
99- Organizzazione mondiale della sanità, OMS. (2018): Quadro di segnalazione della resistenza antimicrobica emergente. Ginevra: Organizzazione Mondiale della Sanità; 2018 (https://www.who.int/glass/resources/publications/emerging- antimicrobial-resistance-reportingframework/en, visitato il 3 settembre 2020).
100- Organizzazione mondiale della sanità, OMS. (2021): Programma di sorveglianza antimicrobica gonococcica rafforzata (EGASP): protocollo generale : 5,6,7,35,36

I want morebooks!

Buy your books fast and straightforward online - at one of world's fastest growing online book stores! Environmentally sound due to Print-on-Demand technologies.

Buy your books online at
www.morebooks.shop

Compra i tuoi libri rapidamente e direttamente da internet, in una delle librerie on-line crescluta più velocemente nel mondo! Produzione che garantisce la tutela dell'ambiente grazie all'uso della tecnologia di "stampa a domanda".

Compra i tuoi libri on-line su
www.morebooks.shop

info@omniscriptum.com
www.omniscriptum.com

Printed by Books on Demand GmbH, Norderstedt / Germany